JN097120

毒物劇物取扱者試験問題集
〔関西広域連合・奈良県版〕

令和5(2023)年度版

序

　毒物及び劇物取締法は、日常流通している有用な化学物質のうち、毒性の著しいものについて、化学物質そのものの毒性に応じて毒物又は劇物に指定し、製造業、輸入業、販売業について登録にかからしめ、毒物劇物取扱責任者を置いて管理させるとともに、保健衛生上の見地から所要の規制を行っています。

　毒物劇物取扱責任者は、毒物劇物の製造業、輸入業、販売業及び届け出の必要な業務上取扱者において設置が義務づけられており、現場の実務責任者として十分な知識を有し保健衛生上の危害の防止のために必要な管理業務に当たることが期待されています。

　毒物劇物取扱者試験は、毒物劇物取扱責任者の資格要件の一つとして、各都道府県の知事が概ね一年に一度実施するものであります。

　本書は、令和２年度から令和４年度までの関西広域連合〔滋賀県、京都府、大阪府、和歌山県、兵庫県、徳島県〕及び奈良県で実施された試験問題を、試験の種別に編集し、解答・解説を付けたものであります。

　特に本書の特色は法規・基礎化学・性状及び取扱・実地の項目に分けて問題と解答・解説を対応させて収録し、より使い易く、分かり易い編集しました。

　毒物劇物取扱者試験の受験者は、本書をもとに勉学に励み、毒物劇物に関する知識を一層深めて試験に臨み、合格されるとともに、毒物劇物に関する危害の防止についてその知識をいかんなく発揮され、ひいては、化学物質の安全の確保と産業の発展に貢献されることを願っています。

　なお、本書における問題の出典先は、〔滋賀県、京都府、大阪府、和歌山県、兵庫県、徳島県〕・奈良県。また、解答・解説については、この書籍を発行するに当たった編著により作成しております。従いまして、本書における不明な点等がある場合は、弊社へ直接メールでお問い合わせいただきますようお願い申し上げます。（お電話でのお問い合わせは、ご容赦いただきますようお願い申し上げます。）

　最後にこの場をかりて試験問題の情報提供等にご協力いただいた関西広域連合〔滋賀県、京都府、大阪府、和歌山県、兵庫県、徳島県〕・奈良県の担当の方へ深く謝意を申し上げます。

　２０２３年７月

目　　　次

筆　記　編
〔法規、基礎化学〕

〔法規編〕

関西広域連合統一共通〔滋賀県、京都府、大阪府、和歌山県、兵庫県、徳島県〕

【令和2年度実施】
（一般・農業用品目・特定品目共通）

問1　次の物質について、劇物に該当するものを1～5から一つ選べ。

1　ニコチン　　　2　硫酸タリウム　　　3　シアン化水素
4　砒素　　　　　5　セレン

問2　次の記述は法第3条の2第2項の条文である。（　）の中に入れるべき字句の正しい組合せを下表から一つ選べ。

　毒物若しくは劇物の（ a ）業者又は（ b ）でなければ、特定毒物を（ a ）してはならない。

	a	b
1	輸入	特定毒物研究者
2	輸出	特定毒物使用者
3	販売	特定毒物使用者
4	輸入	特定毒物使用者
5	輸出	特定毒物研究者

問3　特定毒物の品目とその政令で定める用途の正誤について、正しい組合せを下表から一つ選べ。

　　　　　　特定毒物の品目　　　　　　　　　　　用途
a　四アルキル鉛を含有する製剤　　　　　― ガソリンへの混入
b　モノフルオール酢酸アミドを含有する製剤 ― 野ねずみの駆除
c　モノフルオール酢酸の塩類を含有する製剤 ― かんきつ類などの害虫の防除

	a	b	c
1	正	正	正
2	正	誤	正
3	正	誤	誤
4	誤	正	正
5	誤	正	誤

問4　次の記述は法第3条の3の条文である。（　　　　）の中に入れるべき字句の正しい組合せを下表から一つ選べ。

　　　興奮、（　a　）又は麻酔の作用を有する毒物又は劇物（これらを含有する物を含む。）であつて政令で定めるものは、みだりに摂取し、若しくは吸入し、又はこれらの目的で（　b　）してはならない。

	a	b
1	覚せい	販売
2	覚せい	所持
3	幻覚	使用
4	幻覚	所持
5	催眠	販売

問5　次の物質について、法第3条の4に規定する引火性、発火性又は爆発性のある毒物又は劇物であって政令で定めるものに該当するものを1～5から一つ選べ。
1　黄燐
2　カリウム
3　トルエン
4　亜塩素酸ナトリウム30％を含有する製剤
5　塩素酸ナトリウム30％を含有する製剤

問6　毒物又は劇物に関する営業の種類とその登録有効期間の正しい組合せを下表から一つ選べ。

	営業の種類	登録有効期間
1	製造業	2年
2	製造業	3年
3	輸入業	4年
4	販売業	5年
5	販売業	6年

問7　毒物又は劇物の販売業に関する記述の正誤について、正しい組合せを下表から一つ選べ。

a　一般販売業の登録を受けた者であっても、特定毒物を販売してはならない。
b　農業用品目販売業の登録を受けた者は、農業上必要な毒物又は劇物であって省令で定めるもの以外の毒物又は劇物を販売してはならない。
c　特定品目販売業の登録を受けた者でなければ、特定毒物を販売することができない。

	a	b	c
1	正	正	正
2	正	正	誤
3	正	誤	正
4	誤	正	誤
5	誤	誤	正

問8　省令第4条の4で規定されている、毒物又は劇物の販売業の店舗の設備の基準に関する記述の正誤について、正しい組合せを下表から一つ選べ。

a　毒物又は劇物とその他の物とを区分して貯蔵できるものであること。
b　毒物又は劇物を陳列する場所にかぎをかける設備があること。
c　毒物又は劇物を貯蔵する場所が性質上かぎをかけることができないものであるときは、その周囲に警報装置が設けてあること。

	a	b	c
1	正	誤	正
2	誤	正	誤
3	正	正	誤
4	誤	誤	正
5	正	正	正

問9 法第6条の規定による毒物劇物販売業の登録事項について、正しいものの組合せを1〜5から一つ選べ。

a 申請者の氏名及び住所(法人の場合は名称及び主たる事務所の所在地)
b 店舗の所在地
c 販売または授与しようとする毒物又は劇物の品目
d 店舗の営業時間

1(a、b) 2(a、d) 3(b、c) 4(b、d) 5(c、d)

問10 次の記述は、法第7条の条文の一部である。( )の中に入れるべき字句の正しい組合せを下表から一つ選べ。

毒物劇物営業者は、毒物又は劇物を(a)取り扱う製造所、営業所又は店舗ごとに、(b)の毒物劇物取扱責任者を置き、毒物又は劇物による保健衛生上の危害の防止に当たらせなければならない。

	a	b
1	専門に	常勤
2	業務上	常勤
3	直接に	専任
4	業務上	専任
5	直接に	常勤

問11 法の規定により、毒物劇物営業者が行う毒物又は劇物の表示に関する記述の正誤について、正しい組合せを下表から一つ選べ。

a 毒物の容器及び被包に、黒地に白色をもって「毒物」の文字を表示しなければならない。
b 劇物の容器及び被包に、白地に赤色をもって「劇物」の文字を表示しなければならない。
c 劇物の容器及び被包には「医薬用外」の文字を必ずしも記載する必要はないが、毒物の容器及び被包には「医薬用外」の文字を記載する必要がある。

	a	b	c
1	正	誤	正
2	誤	正	誤
3	正	正	誤
4	誤	誤	正
5	正	正	正

問12 毒物劇物営業者が、毒物又は劇物の容器及び被包に表示しなければ販売又は授与できない事項について、正しいものの組合せを一つ選べ。

a 毒物又は劇物の成分及びその含量
b 毒物又は劇物の使用期限
c 毒物又は劇物の製造番号
d 有機燐化合物及びこれを含有する製剤たる毒物及び劇物の場合は、省令で定める解毒剤の名称

1(a、b) 2(a、c) 3(a、d) 4(b、c) 5(c、d)

問13 毒物劇物営業者が、「あせにくい黒色」で着色したものでなければ、農業用として販売し、又は授与してはならないものとして、政令で定める劇物の正しいものの組合せを1〜5から一つ選べ。

a 硫化カドミウムを含有する製剤たる劇物
b 硫酸タリウムを含有する製剤たる劇物
c 沃化メチルを含有する製剤たる劇物
d 燐化亜鉛を含有する製剤たる劇物

1(a、b) 2(a、c) 3(b、c) 4(b、d) 5(c、d)

問 14 法第 14 条の規定により、毒物劇物営業者が毒物又は劇物を毒物劇物営業者以外の者に販売するとき、その譲受人から提出を受けなければならない書面に記載が必要な事項について、正しいものの組合せを 1 ～ 5 から一つ選べ。

a 毒物又は劇物の名称及び数量 b 使用の年月日
c 譲受人の氏名、職業及び住所 d 譲受人の年齢

1（a、b） 2（a、c） 3（b、c） 4（b、d） 5（c、d）

問 15 法第 15 条に規定する、毒物又は劇物の交付の制限等に関する記述の正誤について、正しい組合せを下表から一つ選べ。

a 毒物劇物営業者は、毒物又は劇物を 18 歳の者に交付してはならない。
b 毒物劇物営業者は、毒物又は劇物を麻薬、大麻、あへん又は覚せい剤の中毒者に交付してはならない。
c 毒物劇物営業者は、ナトリウムの交付を受ける者の氏名及び住所を確認したときは、確認に関する事項を記載した帳簿を、最終の記載をした日から 3 年間、保存しなければならない。

	a	b	c
1	正	誤	正
2	誤	正	誤
3	正	正	誤
4	誤	誤	正
5	正	正	正

問 16 次の記述は政令第 40 条の条文の一部である。（　）の中に入れるべき字句の正しい組合せを下表から一つ選べ。

法第 15 条の 2 の規定により、毒物若しくは劇物又は法第 11 条第 2 項に規定する政令で定める物の廃棄の方法に関する技術上の基準を次のように定める。
一 中和、加水分解、酸化、還元、（ a ）その他の方法により、毒物及び劇物並びに法第 11 条第 2 項に規定する政令で定める物のいずれにも該当しない物とすること。
二 （ b ）又は揮発性の毒物又は劇物は、保健衛生上危害を生ずるおそれがない場所で、少量ずつ放出し、又は（ c ）させること。
三 可燃性の毒物又は劇物は、保健衛生上危害を生ずるおそれがない場所で、少量ずつ（ d ）させること。
四 （略）

	a	b	c	d
1	稀釈	ガス体	揮発	燃焼
2	冷却	液体	濃縮	溶解
3	稀釈	液体	濃縮	燃焼
4	冷却	ガス体	濃縮	溶解
5	冷却	ガス体	揮発	燃焼

問 17 毒物又は劇物を運搬する車両に掲げる標識に関する記述について、（　）の中に入れるべき字句の正しい組合せを下表から一つ選べ。

車両を使用して塩素を 1 回につき 6,000 キログラム運搬する場合、運搬する車両に掲げる標識は、（ a ）メートル平方の板に、地を（ b ）、文字を（ c ）として（ d ）と表示し、車両の前後の見やすい箇所に掲げなければならない。

	a	b	c	d
1	0.3	白色	黄色	「劇」
2	0.5	黒色	白色	「毒」
3	0.3	黒色	白色	「毒」
4	0.5	白色	黄色	「劇」
5	0.3	黒色	黄色	「毒」

問 18　政令第 40 条の９第１項の規定により、毒物劇物営業者が譲受人に対し、提供しなければならない情報の内容の正誤について、正しい組合せを下表から一つ選べ。

a　応急措置
b　漏出時の措置
c　安定性及び反応性
d　毒物劇物取扱責任者の氏名

	a	b	c	d
1	正	誤	正	誤
2	誤	正	誤	正
3	正	誤	誤	正
4	誤	誤	正	正
5	正	正	正	誤

問 19　毒物又は劇物の事故の際の措置に関する記述の正誤について、正しい組合せを下表から一つ選べ。

a　毒物劇物営業者は、その取扱いに係る毒物又は劇物が地下に染み込んだ場合において、不特定又は多数の者について保健衛生上の危害が生ずるおそれがあるときは、直ちに、その旨を保健所、警察署又は消防機関に届け出なければならない。
b　毒物劇物営業者は、その取扱いに係る毒物又は劇物が流れ出した場合において、不特定又は多数の者について保健衛生上の危害が生ずるおそれがあるときは、直ちに、保健衛生上の危害を防止するために必要な応急の措置を講じなければならない。
c　毒物劇物営業者は、その取扱いに係る毒物又は劇物が盗難にあい、又は紛失したときは、直ちに、その旨を警察署に届け出なければならない。

	a	b	c
1	正	誤	誤
2	誤	正	誤
3	正	正	誤
4	誤	誤	正
5	正	正	正

問 20　次の記述は登録が失効した場合等の措置に関する法第 21 条第１項の条文である。（　）の中に入れるべき字句の正しい組合せを下表から一つ選べ。

　毒物劇物営業者、特定毒物研究者又は特定毒物使用者は、その営業の登録若しくは特定毒物研究者の許可が効力を失い、又は特定毒物使用者でなくなったときは、（　a　）以内に、毒物劇物営業者にあつてはその製造所、営業所又は店舗の所在地の都道府県知事（販売業にあつてはその店舗の所在地が、保健所を設置する市又は特別区の区域にある場合においては、市長又は区長）に、特定毒物研究者にあつてはその主たる研究所の所在地の都道府県知事（その主たる研究所の所在地が指定都市の区域にある場合においては、指定都市の長）に、特定毒物使用者にあつては、都道府県知事に、それぞれ現に所有する（　b　）の（　c　）を届け出なければならない。

	a	b	c
1	15 日	特定毒物	品名及び数量
2	30 日	毒物及び劇物	品名及び廃棄方法
3	30 日	特定毒物	品名及び数量
4	15 日	毒物及び劇物	品名及び廃棄方法
5	15 日	毒物及び劇物	品名及び数量

関西広域連合統一共通〔滋賀県、京都府、大阪府、和歌山県、兵庫県、徳島県〕

【令和3年度実施】
（一般・農業用品目・特定品目共通）

問1 次の記述は法の条文の一部である。（　）の中に入れるべき字句の正しい組合せを下表から一つ選べ。

第1条（目的）
　この法律は、毒物及び劇物について、（　　　）ことを目的とする。

1　公衆衛生の向上及び増進に寄与する
2　濫用による保健衛生上の危害を防止する
3　譲渡、譲受、所持等について必要な取締を行う
4　国民の健康の保持に寄与する
5　保健衛生上の見地から必要な取締を行う

問2 次の記述は、法第2条第1項の条文である。（　）の中に入れるべき字句の正しい組合せを下表から一つ選べ。

　この法律で「毒物」とは、別表第一に掲げる物であつて、（　a　）及び（　b　）以外のものをいう。

	a	b
1	医薬品	化粧品
2	医薬品	医薬部外品
3	医薬部外品	化粧品
4	医薬部外品	指定薬物
5	化粧品	指定薬物

問3 毒物劇物営業者に関する記述の正誤について、正しい組合せを下表から一つ選べ。

a　毒物又は劇物の製造業の登録を受けた者は、毒物又は劇物を販売又は授与の目的で輸入することができる。
b　毒物又は劇物の輸入業の登録を受けた者は、その輸入した毒物又は劇物を、他の毒物劇物営業者に販売し、授与し、又はこれらの目的で貯蔵し、運搬し、若しくは陳列することができる。
c　薬局の開設者は、毒物又は劇物の販売業の登録を受けなくても、毒物又は劇物を販売することができる。

	a	b	c
1	正	誤	誤
2	正	誤	正
3	誤	正	誤
4	正	正	誤
5	誤	誤	正

問4　法第3条の2に基づく、特定毒物に関する記述の正誤について、正しい組合せを下表から一つ選べ。

a　特定毒物研究者のみが、特定毒物を製造することができる。
b　特定毒物研究者は、特定毒物を学術研究以外の用途に供してはならない。
c　特定毒物研究者又は特定毒物使用者のみが、特定毒物を所持することができる。
d　特定毒物使用者は、その使用することができる特定毒物以外の特定毒物を譲り受けてはならない。

	a	b	c	d
1	誤	正	誤	正
2	誤	正	正	正
3	正	誤	正	誤
4	正	誤	正	正
5	誤	正	誤	誤

問5　次の記述は、法第3条の3及び政令第32条の2の条文である。（　）の中に入れるべき字句の正しい組合せを下表から一つ選べ。

法第3条の3
　興奮、幻覚又は（ a ）の作用を有する毒物又は劇物（これらを含有する物を含む。）であつて政令で定めるものは、みだりに（ b ）し、若しくは吸入し、又はこれらの目的で所持してはならない。

政令第32条の2
　法第3条の3に規定する政令で定める物は、トルエン並びに酢酸エチル、トルエン又は（ c ）を含有するシンナー（塗料の粘度を減少させるために使用される有機溶剤をいう。）、接着剤、塗料及び閉そく用又はシーリング用の充てん料とする。

	a	b	c
1	催眠	摂取	メタノール
2	催眠	使用	メタノール
3	催眠	使用	エタノール
4	麻酔	摂取	メタノール
5	麻酔	使用	エタノール

問6　次のうち、法第3条の4で「業務その他正当な理由による場合を除いては、所持してはならない。」と規定されている、「引火性、発火性又は爆発性のある毒物又は劇物」として、政令で定める正しいものの組合せを1～5から一つ選べ。

a　亜塩素酸ナトリウム30％を含有する製剤
b　アリルアルコール
c　ピクリン酸
d　亜硝酸カリウム

1（a、b）　　2（a、c）　　3（a、d）　　4（b、d）　　5（c、d）

問7　毒物又は劇物の製造業、輸入業又は販売業の申請及び登録に関する記述の正誤について、正しい組合せを下表から一つ選べ。

a　毒物又は劇物の製造業、輸入業又は販売業の登録は、製造所、営業所又は店舗ごとに、その製造所、営業所又は店舗の所在地の都道府県知事（販売業にあってはその店舗の所在地が、保健所を設置する市又は特別区の区域にある場合においては、市長又は区長。）が行う。
b　毒物又は劇物の製造業の登録は、6年ごとに、更新を受けなければ、その効力を失う。
c　毒物又は劇物の販売業の登録の更新は、登録の日から起算して6年を経過した日から30日以内に、申請する。

	a	b	c
1	正	正	誤
2	正	誤	正
3	正	誤	誤
4	誤	正	正
5	誤	誤	正

問8　次の記述は、毒物劇物取扱責任者に関する、法第8条第2項の条文の一部である。（　）の中に入れるべき字句の正しい組合せを下表から一つ選べ。

次に掲げる者は、前条の毒物劇物取扱責任者となることができない。
一　（　a　）歳未満の者
二　（省略）
三　麻薬、（　b　）、あへん又は覚せい剤の中毒者
四　毒物若しくは劇物又は薬事に関する罪を犯し、罰金以上の刑に処せられ、その執行を終り、又は執行を受けることがなくなつた日から起算して（　c　）を経過していない者

	a	b	c
1	18	向精神薬	2年
2	18	大麻	3年
3	20	向精神薬	3年
4	20	大麻	2年
5	18	大麻	2年

問9　毒物劇物取扱責任者に関する記述の正誤について、正しい組合せを下表から一つ選べ。

a　毒物劇物販売業者は、毒物劇物取扱責任者を変更したときは、その店舗の所在地の都道府県知事（その店舗の所在地が、保健所を設置する市又は特別区の区域にある場合においては、市長又は区長。）に30日以内に、その毒物劇物取扱責任者の氏名を届け出なければならない。

b　一般毒物劇物取扱者試験に合格した者は、農業用品目販売業の店舗において、毒物劇物取扱責任者になることができない。

c　特定品目毒物劇物取扱者試験に合格した者は、法令で定める特定品目の毒物若しくは劇物のみを取り扱う輸入業の営業所若しくは特定品目販売業の店舗においてのみ、毒物劇物取扱責任者になることができる。

d　毒物又は劇物を取り扱う製造所、営業所又は店舗において、毒物又は劇物を直接に取り扱う業務に2年以上従事した経験があれば、毒物劇物取扱責任者になることができる。

	a	b	c	d
1	正	誤	正	正
2	誤	誤	正	正
3	誤	正	誤	正
4	正	誤	誤	誤
5	正	誤	正	誤

問10　法第9条及び第10条に規定されている、毒物劇物営業者が行う手続に関する記述の正誤について、正しい組合せを下表から一つ選べ。

a　毒物劇物営業者は、氏名又は住所（法人にあっては、その名称又は主たる事務所の所在地）を変更したときは、30日以内にその旨を届け出なければならない。

b　毒物又は劇物の製造業者又は輸入業者は、登録を受けた毒物又は劇物以外の毒物又は劇物を製造し、又は輸入したときは、30日以内にその旨を届け出なければならない。

c　毒物劇物営業者は、毒物又は劇物の製造所、営業所又は店舗における営業を廃止したときは、30日以内にその旨を届け出なければならない。

	a	b	c
1	正	誤	正
2	正	誤	誤
3	正	正	正
4	誤	正	誤
5	誤	誤	誤

問 11 次の記述は、毒物又は劇物の取扱に関する、法第 11 条第 4 項及び省令第 11 条の 4 の条文である。（　　）の中に入れるべき字句の正しい組合せを下表から一つ選べ。

法第 11 条第 4 項
　毒物劇物営業者及び特定毒物研究者は、毒物又は厚生労働省令で定める劇物については、その容器として、（　a　）を使用してはならない。

省令第 11 条の 4
　法第 11 条第 4 項に規定する劇物は、（　b　）とする。

	a	b
1	密閉できない構造の物	すべての劇物
2	衝撃に弱い構造の物	常温・常圧下で液体の劇物
3	飲食物の容器として通常使用される物	すべての劇物
4	密閉できない構造の物	興奮、幻覚作用のある劇物
5	飲食物の容器として通常使用される物	常温・常圧下で液体の劇物

問 12 毒物又は劇物の表示に関する法の規定に基づく、次の記述の正誤について、正しい組合せを下表から一つ選べ。

a　毒物劇物営業者は、劇物の容器及び被包に、「医薬用外」の文字及び白地に赤色をもって「劇物」の文字を表示しなければならない。

b　特定毒物研究者は、毒物の容器及び被包に、「医薬用外」の文字及び黒地に白色をもって「毒物」の文字を表示しなければならない。

c　毒物劇物営業者は、劇物を貯蔵し、又は陳列する場所に、「医薬用外」の文字及び「劇物」の文字を表示しなければならない。

	a	b	c
1	誤	誤	正
2	正	誤	誤
3	正	誤	正
4	誤	正	誤
5	正	正	誤

問 13 省令第 11 条の 6 に基づき、毒物又は劇物の製造業者が製造した硫酸を含有する製剤たる劇物（住宅用の洗浄剤で液体状のものに限る。）を販売する場合、取扱及び使用上特に必要な表示事項として、その容器及び被包に表示が定められているものの正誤について、正しい組合せを下表から一つ選べ。

a　小児の手の届かないところに保管しなければならない旨
b　皮膚に触れた場合には、石けんを使ってよく洗うべき旨
c　使用の際、手足や皮膚、特に眼にかからないように注意しなければならない旨

	a	b	c
1	正	正	正
2	正	誤	正
3	正	誤	誤
4	誤	正	正
5	誤	正	誤

問 14　法第 13 条に基づく、特定の用途に供される毒物又は劇物の販売等に関する記述の正誤について、正しい組合せを下表から一つ選べ。

a　硫酸亜鉛を含有する製剤たる劇物については、あせにくい黒色で着色したものでなければ、農業用として販売し、又は授与してはならない。

b　燐化亜鉛を含有する製剤たる劇物については、あせにくい黒色で着色したものでなければ、農業用として販売し、又は授与してはならない。

c　硫酸ニコチンを含有する製剤たる毒物については、省令で定める方法により着色したものでなければ、農業用として販売し、又は授与してはならない。

	a	b	c
1	誤	誤	正
2	正	誤	誤
3	正	誤	正
4	誤	正	誤
5	正	正	正

問 15　次の記述は、法第 14 条第 1 項の条文である。（　　　）の中に入れるべき字句の正しい組合せを下表から一つ選べ。なお、複数箇所の（ a ）内には、同じ字句が入る。

　毒物劇物営業者は、毒物又は劇物を他の毒物劇物営業者に販売し、又は（ a ）したときは、その都度、次に掲げる事項を書面に記載しておかなければならない。
一　毒物又は劇物の名称及び（ b ）
二　販売又は（ a ）の年月日
三　譲受人の氏名、（ c ）及び住所（法人にあつては、その名称及び主たる事務所の所在地）

	a	b	c
1	授与	数量	年齢
2	授与	含量	年齢
3	譲受	含量	職業
4	譲受	含量	年齢
5	授与	数量	職業

問 16　法第 15 条に規定されている、毒物又は劇物の交付の制限等に関する記述の正誤について、正しい組合せを下表から一つ選べ。

a　毒物劇物営業者は、トルエンを麻薬、大麻、あへん又は覚せい剤の中毒者に交付してはならない。

b　毒物劇物営業者は、ナトリウムの交付を受ける者の氏名及び職業を確認した後でなければ、交付してはならない。

c　毒物劇物営業者は、ナトリウムの交付を受ける者の確認に関する事項を記載した帳簿を、最終の記載をした日から 6 年間、保存しなければならない。

	a	b	c
1	正	正	誤
2	誤	誤	正
3	誤	正	正
4	正	誤	誤
5	正	正	正

問 17　政令第 40 条の 5 に規定されている、水酸化ナトリウム 20 ％を含有する製剤で液体状のものを、車両 1 台を使用して、1 回につき 7,000kg 運搬する場合の運搬方法に関する記述について、正しいものの組合せを 1～5 から一つ選べ。

a　2 人で運転し、3 時間ごとに交代し、12 時間後に目的地に着いた。

b　交替して運転する者を同乗させず、1 人で連続して 5 時間運転後に 1 時間休憩をとり、その後 3 時間運転して目的地に着いた。

c　車両に、保護手袋、保護長ぐつ、保護衣及び保護眼鏡を 1 人分備えた。

d　車両には、運搬する劇物の名称、成分及びその含量並びに事故の際に講じなければならない応急の措置の内容を記載した書面を備えた。

1（a、b）　2（a、c）　3（a、d）　4（b、c）　5（c、d）

問 18 法第 17 条に規定されている、毒物又は劇物の事故の際の措置に関する記述について、正しいものの組合せを 1 ～ 5 から一つ選べ。

a 毒物劇物営業者は、取り扱っている劇物が流出し、多数の者に保健衛生上の危害が生ずるおそれがある場合、直ちに、その旨を保健所、警察署又は消防機関に届け出なければならない。
b 毒物劇物製造業者は、取り扱っている劇物が漏れた場合において、保健衛生上の危害を防止するために必要な応急の措置を講じなければならない。
c 毒物劇物製造業者が貯蔵していた劇物が盗難にあった場合、毒物が含まれていなければ、警察署への届出は不要である。

1（a、b） 2（a、c） 3（a、d） 4（b、d） 5（c、d）

問 19 次の記述は、法第 18 条第 1 項の条文である。（　）の中に入れるべき字句の正しい組合せを下表から一つ選べ。

（ a ）は、（ b ）必要があると認めるときは、毒物劇物営業者若しくは特定毒物研究者から必要な報告を徴し、又は薬事監視員のうちからあらかじめ指定する者に、これらの者の製造所、営業所、店舗、研究所その他業務上毒物若しくは劇物を取り扱う場所に立ち入り、帳簿その他の物件を検査させ、関係者に質問させ、若しくは試験のため必要な最小限度の分量に限り、毒物、劇物、第 11 条第 2 項の政令で定める物若しくはその疑いのある物を（ c ）させることができる。

	a	b	c
1	都道府県知事	保健衛生上	収去
2	厚生労働大臣	保健衛生上	検査
3	厚生労働大臣	犯罪捜査上	収去
4	厚生労働大臣	犯罪捜査上	検査
5	都道府県知事	犯罪捜査上	収去

問 20 法第 22 条第 1 項に規定されている、業務上取扱者の届出が必要な事業について、正しいものの組合せを 1 ～ 5 から一つ選べ。

a 無機水銀化合物たる毒物及びこれを含有する製剤を取り扱う、電気めっきを行う事業
b 無機シアン化合物たる毒物及びこれを含有する製剤を取り扱う、金属熱処理を行う事業
c 砒素化合物たる毒物及びこれを含有する製剤を取り扱う、ねずみの駆除を行う事業
d 砒素化合物たる毒物及びこれを含有する製剤を取り扱う、しろありの防除を行う事業

1（a、b） 2（a、c） 3（a、d） 4（b、d） 5（c、d）

関西広域連合統一共通〔滋賀県、京都府、大阪府、和歌山県、兵庫県、徳島県〕

【令和4年度実施】

（一般・農業用品目・特定品目共通）

問1　次の条文に関する記述の正誤について、正しい組合せを1～5から一つ選べ。

a　法第1条では、「この法律は、毒物及び劇物について、保健衛生上の見地から必要な取締を行うことを目的とする。」とされている。

b　法第2条別表第一に掲げられている物であっても、別途政令で定める医薬品は毒物から除外される。

c　法第2条別表第二に掲げられている物であっても、医薬品及び医薬部外品は劇物から除外される。

d　毒物であって、法第2条別表第三に掲げられているものを含有する製剤は、すべて特定毒物から除外される。

	a	b	c	d
1	誤	正	正	誤
2	正	正	誤	誤
3	正	誤	正	誤
4	誤	正	誤	正
5	正	誤	正	正

問2　特定毒物の取扱いに関する記述の正誤について、正しい組合せを1～5から一つ選べ。

a　毒物劇物製造業者は、石油精製業者に、ガソリンへの混入を目的とする四アルキル鉛を含有する製剤を譲渡することができる。

b　特定毒物研究者は、特定毒物を輸入することができる。

c　特定毒物使用者として特定毒物を使用する場合には、品目ごとにその主たる事業所の所在地の都道府県知事（指定都市の区域にある場合においては、指定都市の長）の許可を受けなければならない。

d　毒物劇物営業者、特定毒物研究者又は特定毒物使用者でなければ、特定毒物を所持してはならない。

	a	b	c	d
1	正	正	誤	正
2	正	誤	正	誤
3	正	誤	誤	正
4	正	正	正	誤
5	誤	正	誤	誤

問3　次のうち、法第3条の3に規定する「興奮、幻覚又は麻酔の作用を有する毒物又は劇物（これらを含有する物を含む。）であつて政令で定めるもの」に該当するものの組合せを1～5から一つ選べ。

a　クロロホルム　　　　　　　　b　メタノールを含有する接着剤

c　酢酸エチルを含有するシンナー　d　トルエン

e　キシレンを含有する塗料

1（a、b、c）　　　2（a、b、e）　　　3（a、d、e）　　　4（b、c、d）

5（c、d、e）

問4　毒物又は劇物の販売業に関する記述の正誤について、正しい組合せを1～5から一つ選べ。

a　毒物又は劇物の販売業の登録を受けた者のみが、毒物又は劇物を販売することができる。

b　毒物又は劇物の販売業の登録の有効期間は、販売業の登録の種類に関係なく、6年である。

c　毒物又は劇物の一般販売業の登録を受けた者は、特定品目販売業の登録を受けなくとも、省令第4条の3で定める劇物を販売することができる。

d　毒物又は劇物を直接には取り扱わず、伝票処理のみの方法で販売又は授与しようとする場合でも、毒物又は劇物の販売業の登録を受けなければならない。

	a	b	c	d
1	誤	正	正	正
2	誤	正	誤	正
3	正	正	正	正
4	正	誤	正	誤
5	正	正	誤	正

問5　毒物又は劇物の製造業に関する記述の正誤について、正しい組合せを1～5から一つ選べ。

a　毒物又は劇物の製造業の登録は、製造所ごとに、その製造所の所在地の都道府県知事が行う。

b　毒物又は劇物の製造業者は、毒物又は劇物の製造のために特定毒物を使用してはならない。

c　毒物又は劇物の製造業者は、毒物又は劇物を自家消費する目的でその毒物又は劇物を輸入しようとするときは、毒物又は劇物の輸入業の登録を受けなくてもよい。

d　毒物の製造業者は、登録を受けた品目以外の毒物を製造したときは、30日以内に登録の変更を受けなければならない。

	a	b	c	d
1	正	誤	正	正
2	正	誤	正	誤
3	誤	正	正	誤
4	誤	誤	誤	正
5	正	正	誤	正

問6　毒物劇物販売業者の登録を受けようとする者の店舗の設備、又はその者の登録基準に関する記述について、正しいものの組合せを1～5から一つ選べ。

a　毒物又は劇物とその他の物とを区分して貯蔵できる設備であること。

b　毒物又は劇物を貯蔵する場所が性質上かぎをかけることができないものであるときは、その周囲を常時監視できる防犯設備があること。

c　設備基準に適合しなくなり、その改善を命ぜられたにもかかわらず従わないで登録の取消しを受けた場合、その取消しの日から起算して2年を経過した者であること。

d　毒物又は劇物を含有する粉じん、蒸気又は廃水の処理に要する設備又は器具を備えていること。

1（a、b）　　2（a、c）　　3（a、d）　　4（b、c）　　5（b、d）

問7　毒物劇物営業者が行う手続きに関する記述の正誤について、正しい組合せを1～5から一つ選べ。

a　法人である毒物又は劇物の販売業者の代表取締役が変更となった場合は、届出が必要である。

b　毒物又は劇物の販売業者が、隣接地に店舗を新築、移転（店舗の所在地の変更）した場合は、新たに登録が必要である。

c　毒物劇物営業者は、登録票を破り、汚し、又は失ったときは、登録票の再交付を申請することができる。

	a	b	c
1	正	正	正
2	正	誤	正
3	正	誤	誤
4	誤	正	正
5	誤	正	誤

問8　次の記述は、政令第36条の5第2項の条文である。（　）の中に入れるべき字句の正しい組合せを1～5から一つ選べ。

毒物劇物営業者は、毒物劇物取扱責任者として厚生労働省令で定める者を置くときは、当該毒物劇物取扱責任者がその製造所、営業所又は店舗において毒物又は劇物による保健衛生上の（a）を確実に（b）するために必要な設備の設置、（c）の配置その他の措置を講じなければならない。

	a	b	c
1	安全対策	実施	補助者
2	安全対策	監視	衛生管理者
3	危害	監視	衛生管理者
4	危害	防止	衛生管理者
5	危害	防止	補助者

問9　都道府県知事が行う毒物劇物取扱者試験に合格した者で、法第8条第2項に規定されている毒物劇物取扱責任者となることができない絶対的欠格事由（その事由に該当する場合、一律に資格が認められないこと）に該当する記述の正誤について、正しい組合せを1～5から一つ選べ。

a　過去に、麻薬、大麻、あへん又は覚せい剤の中毒者であった者
b　18歳未満の者
c　道路交通法違反で懲役の刑に処せられ、その執行を終り、又は執行を受けることがなくなった日から起算して3年を経過していない者
d　毒物劇物営業者が登録を受けた製造所、営業所又は店舗での実務経験が2年に満たない者

	a	b	c	d
1	正	正	誤	正
2	正	誤	誤	誤
3	正	誤	誤	正
4	誤	正	正	正
5	誤	正	誤	誤

問10　次の記述は、法第10条第1項の条文の一部である。（　）の中に入れるべき字句の正しい組合せを1～5から一つ選べ。

毒物劇物営業者は、次の各号のいずれかに該当する場合には、（ a ）以内に、その製造所、営業所又は店舗の所在地の都道府県知事にその旨を届け出なければならない。
一　（省略）
二　毒物又は劇物を製造し、（ b ）し、又は（ c ）する設備の重要な部分を変更したとき。
三　（省略）
四　（省略）

	a	b	c
1	15日	貯蔵	陳列
2	15日	陳列	保管
3	30日	貯蔵	運搬
4	30日	陳列	保管
5	30日	保管	運搬

問11　次の記述は、法第12条第1項の条文である。（　　）の中に入れるべき字句の正しい組合せを1～5から一つ選べ。

毒物劇物営業者及び特定毒物研究者は、毒物又は劇物の容器及び被包に、「（ a ）」の文字及び毒物については（ b ）をもつて「毒物」の文字、劇物については（ c ）をもつて「劇物」の文字を表示しなければならない。

	a	b	c
1	医薬用外	赤地に白色	白地に赤色
2	医薬用外	白地に赤色	赤地に白色
3	医薬用外	黒地に白色	赤地に白色
4	医療用外	赤地に白色	白地に赤色
5	医療用外	黒地に白色	赤地に白色

問 12　法第 12 条第 2 項の規定に基づき、毒物又は劇物の製造業者又は輸入業者が有機燐化合物たる毒物又は劇物を販売又は授与するときに、その容器及び被包に表示しなければならない事項の正誤について、正しい組合せを 1 ～ 5 から一つ選べ。

a　毒物又は劇物の名称
b　毒物又は劇物の成分及びその含量
c　毒物又は劇物の使用期限及び製造番号
d　毒物又は劇物の解毒剤の名称

	a	b	c	d
1	正	正	誤	正
2	正	誤	正	誤
3	誤	誤	誤	正
4	正	正	誤	誤
5	誤	正	正	誤

問 13　省令第 11 条の 6 の規定に基づき、毒物又は劇物の製造業者が製造したジメチル-2・2-ジクロルビニルホスフエイト(別名 DDVP)を含有する製剤(衣料用の防虫剤に限る。)を販売し、又は授与するとき、その容器及び被包に、取扱及び使用上特に必要な表示事項として定められている事項について、正しいものの組合せを 1 ～ 5 から一つ選べ。

a　使用直前に開封し、包装紙等は直ちに処分すべき旨
b　使用の際、手足や皮膚、特に眼にかからないように注意しなければならない旨
c　眼に入った場合は、直ちに流水でよく洗い、医師の診断を受けるべき旨
d　小児の手の届かないところに保管しなければならない旨

1 (a、b)　　　2 (a、c)　　　3 (a、d)　　　4 (b、c)　　　5 (c、d)

問 14　法第 13 条の 2 の規定に基づく、「毒物又は劇物のうち主として一般消費者の生活の用に供されると認められるものであつて政令で定めるもの(劇物たる家庭用品)」の正誤について、正しい組合せを 1 ～ 5 から一つ選べ。なお、劇物たる家庭用品は住宅用の洗浄剤で液体状のものに限る。

a　塩化水素を含有する製剤たる劇物
b　水酸化ナトリウムを含有する製剤たる劇物
c　次亜塩素酸ナトリウムを含有する製剤たる劇物
d　硫酸を含有する製剤たる劇物

	a	b	c	d
1	正	誤	正	誤
2	正	誤	誤	正
3	誤	正	正	誤
4	正	正	正	誤
5	誤	誤	誤	正

問 15　法第 14 条第 2 項の規定に基づき、毒物劇物営業者が、毒物又は劇物を毒物劇物営業者以外の者に販売し、又は授与するとき、当該譲受人から提出を受けなければならない書面に記載等が必要な事項の正誤について、正しい組合せを 1 ～ 5 から一つ選べ。

a　毒物又は劇物の名称及び数量
b　譲受人の氏名、職業及び住所
c　譲受人の押印
d　毒物又は劇物の使用目的

	a	b	c	d
1	正	誤	誤	正
2	誤	誤	正	正
3	正	正	誤	正
4	誤	正	正	誤
5	正	正	正	誤

問 16 法第 15 条に規定されている、毒物又は劇物の交付の制限等に関する記述の正誤について、正しい組合せを1～5から一つ選べ。

a 父親の委任状を持参し受け取りに来た16歳の高校生に対し、学生証等でその住所及び氏名を確認すれば、毒物又は劇物を交付することができる。
b 薬事に関する罪を犯し、罰金以上の刑に処せられ、その執行を終わり、又は執行を受けることがなくなった日から起算して3年を経過していない者に対し、毒物又は劇物を交付することができない。
c 法第3条の4に規定されている引火性、発火性又は爆発性のある劇物を交付する場合は、厚生労働省令の定めるところにより、その交付を受ける者の氏名及び住所を確認した後でなければ、交付してはならない。
d 毒物又は劇物の交付を受ける者の確認に関する事項を記載した帳簿を、最終の記載をした日から5年間、保存しなければならない。

	a	b	c	d
1	正	正	正	誤
2	正	正	誤	正
3	正	誤	誤	誤
4	誤	誤	正	正
5	誤	誤	正	誤

問 17 次の記述は、政令第 40 条の条文の一部である。（　）の中に入れるべき字句の正しい組合せを1～5から一つ選べ。

　法第 15 条の2の規定により、毒物若しくは劇物又は法第 11 条第2項に規定する政令で定める物の廃棄の方法に関する技術上の基準を次のように定める。
一 中和、（　a　）、酸化、還元、稀釈その他の方法により、毒物及び劇物並びに法第 11 条第2項に規定する政令で定める物のいずれにも該当しない物とすること。
二 ガス体又は揮発性の毒物又は劇物は、保健衛生上危害を生ずるおそれがない場所で、少量ずつ放出し、又は（　b　）させること。
三 可燃性の毒物又は劇物は、保健衛生上危害を生ずるおそれがない場所で、少量ずつ（　c　）させること。
（以下、省略）

	a	b	c
1	電気分解	揮発	拡散
2	電気分解	沈殿	拡散
3	電気分解	沈殿	燃焼
4	加水分解	揮発	燃焼
5	加水分解	沈殿	燃焼

問 18 荷送人が、運送人に水酸化ナトリウム 10 ％を含有する製剤(以下、「製剤」という。)の運搬を委託する場合、政令第 40 条の6に規定されている荷送人の通知義務に関する記述の正誤について、正しい組合せを1～5から一つ選べ。

a 車両で運搬する業務を委託した際、製剤の数量が、1回につき 500 キログラムだったため、事故の際に講じなければならない応急措置の内容を記載した書面の交付を行わなかった。
b 1回の運搬につき 1,500 キログラムの製剤を、鉄道を使用して運搬する場合、通知する書面に、劇物の名称、成分及びその含量並びに数量並びに廃棄の方法を記載しなければならない。
c 1回の運搬につき 2,000 キログラムの製剤を、車両を使用して運搬する場合、通知する書面に、劇物の名称、成分及びその含量並びに数量並びに事故の際に講じなければならない応急の措置の内容を記載した。
d 運送人の承諾を得なければ、書面の交付に代えて、当該書面に記載すべき事項を電子情報処理組織を使用する方法により提供しても、書面を交付したものとみなされない。

	a	b	c	d
1	誤	正	誤	誤
2	正	正	誤	誤
3	誤	誤	正	誤
4	正	誤	誤	正
5	正	誤	正	正

問 19　法第 18 条に規定されている立入検査等に関する記述の正誤について、正しい組合せを 1 ～ 5 から一つ選べ。ただし、「都道府県知事」は、毒物又は劇物の販売業にあってはその店舗の所在地が保健所を設置する市又は特別区の区域にある場合においては市長又は区長とする。

a　都道府県知事は、保健衛生上必要があると認めるときは、毒物劇物営業者から必要な報告を徴することができる。

b　都道府県知事は、保健衛生上必要があると認めるときは、毒物劇物監視員に、毒物劇物販売業者の店舗に立ち入り、帳簿その他の物件を検査させることができる。

c　都道府県知事は、犯罪捜査上必要があると認めるときは、毒物劇物監視員に、毒物劇物販売業者の店舗に立ち入り、試験のため必要な最小限度の分量に限り、毒物若しくは劇物を収去させることができる。

d　毒物劇物監視員は、その身分を示す証票を携帯し、関係者の請求があるときは、これを提示しなければならない。

	a	b	c	d
1	正	正	正	誤
2	正	正	誤	正
3	正	誤	正	誤
4	誤	誤	誤	正
5	誤	誤	誤	誤

問 20　法第 22 条第 1 項に規定されている届出の必要な業務上取扱者が、都道府県知事(その事業場の所在地が保健所を設置する市又は特別区の区域にある場合においては、市長又は区長。)に届け出る事項の正誤について、正しい組合せを 1 ～ 5 から一つ選べ。

a　氏名又は住所(法人にあつては、その名称及び主たる事務所の所在地)

b　シアン化ナトリウム又は政令で定めるその他の毒物若しくは劇物のうち取り扱う毒物又は劇物の品目

c　シアン化ナトリウム又は政令で定めるその他の毒物若しくは劇物のうち取り扱う毒物又は劇物の数量

d　事業場の所在地

	a	b	c	d
1	正	正	正	正
2	正	誤	正	誤
3	正	正	誤	正
4	誤	正	誤	正
5	誤	誤	正	誤

〔法　規〕

奈良県

【令和２年度実施】
(注) 特定品目はありません

（一般・農業用品目共通）

問1　特定毒物に関する記述の正誤について、**正しい組み合わせ**を１つ選びなさい。

a　毒物若しくは劇物の輸入業者又は特定毒物研究者でなければ、特定毒物を輸入してはならない。

b　特定毒物研究者であれば、特定毒物を製造することができる。

c　特定毒物研究者又は特定毒物使用者でなければ、特定毒物を所持してはならない。

d　特定毒物使用者は、特定毒物を品目ごとに政令で定める用途以外の用途に供してはならない。

	a	b	c	d
1	誤	正	誤	誤
2	正	正	誤	正
3	正	誤	誤	正
4	誤	誤	正	正
5	正	正	正	誤

問2　特定毒物の用途に関する記述について、**正しいものの組み合わせ**を１つ選びなさい。

a　モノフルオール酢酸アミドを含有する製剤を、野ねずみの駆除に使用する。

b　モノフルオール酢酸の塩類を含有する製剤を、かきの害虫の防除に使用する。

c　ジメチルエチルメルカプトエチルチオホスフエイトを含有する製剤を、かんきつ類の害虫の防除に使用する。

d　四アルキル鉛を含有する製剤を、ガソリンへ混入する。

1 (a、b)　　　　2 (a、c)　　　　3 (b、d)　　　　4 (c、d)

問3　次のうち、毒物及び劇物取締法第３条の３で規定されている興奮、幻覚又は麻酔の作用を有し、みだりに摂取し、若しくは吸入し、又はこれらの目的で所持してはならない劇物（これを含有する物を含む。）として、**正しいもの**を１つ選びなさい。

a　メタノールを含有するシンナー　　b　キシレンを含有する接着剤
c　クロロホルム　　　　　　　　　　d　アニリンを含有する塗料

問4　次のうち、毒物及び劇物取締法施行規則第４条の４の規定に基づき、毒物及び劇物の製造所の設備の基準として、**正しいものの組合せ**を１つ選びなさい。

a　毒物又は劇物を陳列する場所にかぎをかける設備があること。

b　毒物又は劇物の運搬用具は、毒物又は劇物が飛散し、漏れ、又はしみ出るおそれがないものであること。

c　毒物又は劇物を貯蔵する場所が、性質上かぎをかけることができないものであるときは、常時監視が行われていること。

d　毒物又は劇物とその他の物とを区分して貯蔵できないときは、貯蔵する場所に適切な識別表示を行うこと。

1 (a、b)　　　　2 (a、c)　　　　3 (b、d)　　　　4 (c、d)

問5　毒物及び劇物取締法に関する記述の正誤について、**正しい組み合わせ**を1つ選びなさい。

 a　毒物又は劇物の輸入業者は、毒物又は劇物の販売業の登録を受けなければ、その輸入した毒物を他の毒物劇物営業者に販売することができない。

 b　毒物又は劇物の現物を直接に取り扱うことなく、伝票処理のみの方法によって、販売又は授与しようとする場合、毒物劇物取扱責任者を置けば、毒物又は劇物の販売業の登録を受ける必要はない。

 c　毒物劇物一般販売業の登録を受けた者は、毒物及び劇物取締法施行規則で特定品目に定められている劇物を販売することができる。

 d　毒物又は劇物の販売業の登録を受けようとする者が、法律の規定により登録を取り消され、取消の日から起算して3年を経過していないものであるときは、販売業の登録を受けることができない。

	a	b	c	d
1	正	正	正	誤
2	誤	正	誤	正
3	正	誤	誤	正
4	誤	誤	正	正
5	誤	誤	正	誤

問6　毒物劇物取扱者試験に関する記述の正誤について、正しい組み合わせを1つ選びなさい。

 a　毒物劇物取扱者試験の合格者は、試験合格後ただちに毒物又は劇物を販売することができる。

 b　毒物劇物取扱者試験の合格者は、その合格した試験が実施された都道府県内でのみ毒物劇物取扱責任者になることができる。

 c　一般毒物劇物取扱者試験の合格者は、特定毒物を製造する工場の毒物劇物取扱責任者になることができる。

 d　農業用品目毒物劇物取扱者試験の合格者は、硫酸を製造する工場の毒物劇物取扱責任者になることができる。

	a	b	c	d
1	誤	誤	正	誤
2	誤	正	誤	正
3	正	正	誤	誤
4	正	誤	誤	正
5	正	誤	正	誤

問7～9　次の記述は、毒物及び劇物取締法第8条の条文である。（　　）の中にあてはまる字句として、**正しいもの**を1つ選びなさい。

（毒物劇物取扱責任者の資格）

第八条　略

2　次に掲げる者は、前条の毒物劇物取扱責任者となることができない。

 一　（**問7**）未満の者

 二　略

 三　麻薬、（**問8**）、あへん又は覚せい剤の中毒者

 四　毒物若しくは劇物又は薬事に関する罪を犯し、罰金以上の刑に処せられ、その執行を終り、又は執行を受けることがなくなつた日から起算して（**問9**）を経過していない者

3～5　略

問7　1　十四歳　　2　十六歳　　3　十八歳　　4　十九歳　　5　二十歳

問8　1　コカイン　2　シンナー　3　アルコール　4　指定薬物　5　大麻

問9　1　一年　　　2　二年　　　3　三年　　　4　四年　　　5　五年

問 10　次のうち、毒物及び劇物取締法第 10 条第 1 項の規定に基づき、毒物及び劇物の販売業者が届け出なければならない場合として、**正しいものの組合せ**を 1 つ選びなさい。

a　法人の代表者を変更したとき
b　店舗の電話番号を変更したとき
c　店舗における営業を廃止したとき
d　毒物又は劇物を運搬する設備の重要な部分を変更したとき

　　1　(a 、b)　　　2　(a 、c)　　　3　(b 、d)　　　4　(c 、d)

問 11　次のうち、毒物及び劇物取締法第 12 条第 2 項の規定に基づき、毒物劇物営業者が、毒物又は劇物を販売するときに、その容器及び被包に表示しなければならない事項として、**正しいものの組合せ**を 1 つ選びなさい。

a　毒物又は劇物の製造番号　　　b　毒物又は劇物の成分及びその含量
c　毒物又は劇物の使用期限　　　d　毒物又は劇物の名称

　　1 (a 、b)　　　2 (a 、c)　　　3 (b 、d)　　　4 (c 、d)

問 12　次のうち、燐化亜鉛を含有する製剤たる劇物を農業用として販売する場合の着色の方法として、**正しいもの**を 1 つ選びなさい。

　　1　あせにくい緑色で着色する。　　2　あせにくい青色で着色する。
　　3　あせにくい赤色で着色する。　　4　あせにくい黒色で着色する。
　　5　あせにくい紅色で着色する。

問 13 ～ 14　次の記述は、毒物及び劇物取締法第 15 条の条文である。（　　　）の中にあてはまる字句として、**正しいもの**を 1 つ選びなさい。

（毒物又は劇物の交付の制限等）
第十五条　略
2　毒物劇物営業者は、厚生労働省令の定めるところにより、その交付を受ける者の（問 13）を確認した後でなければ、第三条の四に規定する政令で定める物を交付してはならない。
3　略
4　毒物劇物営業者は、前項の帳簿を、最終の記載をした日から（問 14）、保存しなければならない。

　　問 13　1　年齢及び職業　　2　使用目的及び職業　　3　使用目的及び年齢
　　　　　　4　氏名及び年齢　　5　氏名及び住所
　　問 14　1　二年間　　2　三年間　　3　五年間　　4　十年間　　5　十五年間

問 15 ～ 17　次の記述は、毒物及び劇物取締法施行令第 40 条の条文である。（　　）の中にあてはまる字句として、**正しいもの**を 1 つ選びなさい。

（廃棄の方法）

第四十条　法第十五条の二の規定により、毒物若しくは劇物又は法第十一条第二項に規定する政令で定める物の廃棄の方法に関する技術上の基準を次のように定める。

一　中和、加水分解、酸化、還元、(**問** 15)その他の方法により、毒物及び劇物並びに法第十一条第二項に規定する政令で定める物のいずれにも該当しない物とすること。

二　ガス体又は(**問** 16)性の毒物又は劇物は、保健衛生上危害を生ずるおそれがない場所で、少量ずつ放出し、又は(**問** 16)させること。

三　可燃性の毒物又は劇物は、保健衛生上危害を生ずるおそれがない場所で、少量ずつ(**問** 17)させること。

四　略

問 15	1　けん化	2　稀釈	3　電気分解	4　沈殿	5　燃焼
問 16	1　揮発	2　凝縮	3　昇華	4　酸化	5　還元
問 17	1　融解	2　燃焼	3　酸化	4　蒸発	5　昇華

問 18　毒物及び劇物取締法施行令第 40 条の 5 の規定に基づき、過酸化水素 35 ％を含有する製剤（劇物）を、車両を使用して 1 回につき 5,000 キログラム以上運搬する場合の運搬方法に関する記述の正誤について、**正しい組み合わせ**を 1 つ選びなさい。

a　車両には、運搬する毒物又は劇物の名称、成分及びその含量並びに事故の際に講じなければならない応急の措置の内容を記載した書面を備える。

b　車両には、防毒マスク、ゴム手袋、保護手袋、保護長ぐつ、保護衣及び保護眼鏡を 1 人分備える。

c　車両には、0.3 メートル平方の板に地を黒色、文字を白色として「毒」と表示し、車両の前後の見やすい箇所に掲げる。

d　1 人の運転者による運転時間が、1 日当たり 10 時間であれば、交代して運転する者を同乗させる。

	a	b	c	d
1	誤	正	正	誤
2	誤	正	誤	正
3	正	誤	誤	正
4	正	誤	正	正
5	正	正	正	誤

問 19 ～ 20　次の記述は、毒物及び劇物取締法第 17 条の条文である。（　　）の中にあてはまる字句として、**正しいもの**を 1 つ選びなさい。

（事故の際の措置）

第十七条　毒物劇物営業者及び特定毒物研究者は、その取扱いに係る毒物若しくは劇物又は第十一条第二項の政令で定める物が飛散し、漏れ、流れ出し、染み出し、又は地下に染み込んだ場合において、不特定又は多数の者について保健衛生上の危害が生ずるおそれがあるときは、(**問** 19)、その旨を(**問** 20)に届け出るとともに、保健衛生上の危害を防止するために必要な応急の措置を講じなければならない。

2　略

問 19	1　直ちに	2　遅滞なく	3　二十四時間以内に
	4　四十八時間以内に	5　三日以内に
問 20	1　保健所	2　警察署	3　警察署又は消防機関
	4　保健所又は消防機関	5　保健所、警察署又は消防機関

奈良県
※特定品目はありません。

（一般・農業用品目共通）

問1 毒物及び劇物取締法の目的、又は毒物若しくは劇物の定義に関する記述について、**正しいものの組み合わせ**を１つ選びなさい。

a この法律は、毒物及び劇物について、犯罪防止上の見地から必要な取締を行うことを目的とする。

b 毒物及び劇物取締法別表第一に掲げられている物であっても、医薬品又は医薬部外品に該当するものは、毒物から除外される。

c 毒物及び劇物取締法別表第二に掲げられている物であっても、食品添加物に該当するものは劇物から除外される。

d 特定毒物とは、毒物であって、毒物及び劇物取締法別表第三に掲げるものをいう。

1（a、b） 2（a、c） 3（b、d） 4（c、d）

問2 次の製剤のうち、劇物に該当するものとして、**正しいものの組み合わせ**を１つ選びなさい。

a 無水酢酸10％を含有する製剤 b 沃化メチル10％を含有する製剤
c メタクリル酸10％を含有する製剤 d 硝酸10％を含有する製剤

1（a、b） 2（a、c） 3（b、d） 4（c、d）

問3 次のうち、特定毒物に該当するものとして、**正しいものの組み合わせ**を１つ選びなさい。

a 燐化亜鉛を含有する製剤
b 燐化アルミニウム
c モノフルオール酢酸アミドを含有する製剤
d オクタメチルピロホスホルアミド

1（a、b） 2（a、c） 3（b、d） 4（c、d）

問4 毒物及び劇物取締法に関する記述の正誤について、**正しい組み合わせ**を１つ選びなさい。

a 毒物又は劇物の輸入業の登録を受けた者でなければ、毒物又は劇物を販売又は授与の目的で輸入してはならない。

b 毒物劇物営業者は、その取扱いに係る毒物又は劇物が盗難にあい、又は紛失したときは、３日以内に、その旨を警察署に届け出なければならない。

c 毒物又は劇物の製造業の登録は、登録を受けた日から起算して５年ごとに、販売業の登録は、６年ごとに、更新を受けなければ、その効力を失う。

d 薬局の開設者は、毒物又は劇物の販売業の登録を受けなくても、毒物又は劇物を販売することができる。

	a	b	c	d
1	誤	正	正	誤
2	誤	正	誤	正
3	正	誤	誤	正
4	正	誤	正	誤
5	誤	誤	正	正

問5　特定毒物研究者に関する記述の正誤について、**正しい組み合わせを1つ選びな**さい。

a　特定毒物を製造又は輸入することができる。

b　特定毒物を学術研究以外の目的にも使用することができる。

c　特定毒物を譲り受けることができるが、譲り渡すことはできない。

d　主たる研究所の所在地を変更した場合は、新たに許可を受けなければならない。

	a	b	c	d
1	誤	正	正	誤
2	誤	正	誤	正
3	正	誤	誤	誤
4	正	誤	正	誤
5	誤	誤	正	正

問6　次のうち、毒物及び劇物取締法第3条の4に基づく、引火性、発火性又は爆発性のある毒物又は劇物であって政令で定めるものとして、**正しいものの組み合わせを1つ選びなさい。**

a　クロルピクリン　　b　ナトリウム　　c　亜硝酸ナトリウム
d　塩素酸塩類

1（a、b）　　2（a、c）　　3（b、d）　　4（c、d）

問7　毒物及び劇物取締法第4条の規定に基づく登録又は同法第6条の2の規定に基づく許可に関する記述の正誤について、**正しい組み合わせを1つ選びなさい。**

a　毒物又は劇物の製造業の登録は、製造所ごとにその製造所の所在地の都道府県知事が行う。

b　毒物又は劇物の輸入業の登録は、営業所ごとに厚生労働大臣が行う。

c　毒物又は劇物の販売業の登録は、店舗ごとにその店舗の所在地の都道府県知事(その店舗の所在地が、保健所を設置する市又は特別区の区域にある場合においては、市長又は区長。)が行う。

d　特定毒物研究者の許可を受けようとする者は、その主たる研究所の所在地の都道府県知事(その主たる研究所の所在地が、指定都市の区域にある場合においては、指定都市の長。)に申請書を出さなければならない。

	a	b	c	d
1	誤	正	正	誤
2	誤	正	誤	正
3	正	正	誤	誤
4	誤	誤	正	誤
5	正	誤	正	正

問8　毒物劇物営業者が行う手続きに関する記述の正誤について、**正しい組み合わせを1つ選びなさい。**

a　毒物劇物製造業者は、毒物又は劇物を製造し、貯蔵し、又は運搬する設備の重要な部分を変更する場合は、あらかじめ、登録の変更を受けなければならない。

b　毒物劇物輸入業者が、登録を受けた毒物又は劇物以外の毒物又は劇物を輸入したときは、輸入後30日以内に、その旨を届け出なければならない。

c　毒物劇物製造業者が、営業を廃止するときは、廃止する日の30日前までに届け出なければならない。

d　毒物劇物販売業者は、登録票の記載事項に変更を生じたときは、登録票の書換え交付を申請することができる。

	a	b	c	d
1	誤	正	正	誤
2	誤	誤	誤	正
3	正	正	誤	誤
4	正	誤	誤	正
5	正	誤	正	正

問9 次のうち、毒物劇物製造業者が、その製造した塩化水素又は硫酸を含有する製剤である劇物(住宅用の洗剤で液状のものに限る。)を販売するときに、その容器及び被包に表示しなければならない事項として、**正しいものの組み合わせ**を1つ選びなさい。

a 皮膚に触れた場合には、石けんを使ってよく洗うべき旨
b 居間等人が常時居住する室内では使用してはならない旨
c 眼に入った場合は、直ちに流水でよく洗い、医師の診断を受けるべき旨
d 小児の手の届かないところに保管しなければならない旨

1 (a、b)　　2 (a、c)　　3 (b、d)　　4 (c、d)

問10 次のうち、毒物及び劇物取締法施行規則第4条の4に基づく、毒物劇物販売業の店舗の設備の基準として、**正しいものの組み合わせ**を1つ選びなさい。

a 毒物又は劇物を陳列する場所は、換気が十分であり、かつ、清潔であること。
b 毒物又は劇物の運搬用具は、毒物又は劇物が飛散し、漏れ、又はしみ出るおそれがないものであること。
c 毒物又は劇物を含有する粉じん、蒸気又は廃水の処理に要する設備又は器具を備えていること。
d 毒物又は劇物を貯蔵する場所が性質上かぎをかけることができないものであるときは、その周囲に、堅固なさくが設けてあること。

1 (a、b)　　2 (a、c)　　3 (b、d)　　4 (c、d)

問11 毒物劇物取扱責任者に関する記述の正誤について、**正しい組み合わせ**を1つ選びなさい。

a 薬剤師は、毒物劇物取扱責任者になることができる。
b 毒物劇物営業者は、毒物劇物取扱責任者を置いたときは、30日以内に、都道府県知事(販売業にあってはその店舗の所在地が、保健所を設置する市又は特別区の区域にある場合においては、市長又は区長)に、その毒物劇物取扱責任者の氏名を届け出なければならない。
c 毒物劇物営業者は、自ら毒物劇物取扱責任者として毒物又は劇物による保健衛生上の危害の防止に当たることはできない。
d 毒物劇物営業者が毒物若しくは劇物の製造業、輸入業若しくは販売業のうち二以上を併せて営む場合において、その製造所、営業所若しくは店舗が互に隣接しているときは、毒物劇物取扱責任者は、これらの施設を通じて一人で足りる。

	a	b	c	d
1	誤	正	正	誤
2	誤	正	誤	正
3	正	正	誤	正
4	正	誤	正	正
5	正	誤	正	誤

問12 次のうち、毒物及び劇物取締法第12条及び同法施行規則第11条の5の規定に基づき、毒物劇物営業者が、その容器及び被包に解毒剤の名称を表示しなければ、販売又は授与してはならない毒物又は劇物として、**正しいもの**を1つ選びなさい。

1 無機シアン化合物及びこれを含有する製剤たる毒物
2 セレン化合物及びこれを含有する製剤たる毒物
3 砒素化合物及びこれを含有する製剤たる毒物
4 有機シアン化合物及びこれを含有する製剤たる劇物
5 有機燐化合物及びこれを含有する製剤たる毒物及び劇物

奈良〔法規〕・令和三年

- 24 -

問 13　毒物及び劇物取締法第 13 条の規定に基づき、着色しなければ農業用として販売し、又は授与してはならないとされている劇物とその着色方法の組み合わせとして、**正しいもの**を 1 つ選びなさい。

	着色すべき農業用劇物	着色方法
1	硫酸タリウムを含有する製剤たる劇物	あせにくい赤色で着色
2	燐化亜鉛を含有する製剤たる劇物	あせにくい黒色で着色
3	シアナミドを含有する製剤たる劇物	あせにくい黒色で着色
4	ナラシンを含有する製剤たる劇物	あせにくい赤色で着色
5	ロテノンを含有する製剤たる劇物	あせにくい黒色で着色

問 14　毒物及び劇物取締法第 14 条第 1 項の規定に基づき、毒物劇物営業者が、毒物又は劇物を他の毒物劇物営業者に販売したとき、書面に記載しておかなければならない事項として、**正しいものの組み合わせ**を 1 つ選びなさい。

a　販売の年月日
b　販売の方法
c　譲受人の住所（法人にあっては、その主たる事務所の所在地）
d　譲受人の年齢

1（a 、b）　　2（a 、c）　　　3（b 、d）　　　4（c 、d）

問 15　次の記述は、毒物及び劇物取締法施行令第 40 条の 6 の条文である。（　　）の中にあてはまる字句として、**正しいもの**を 1 つ選びなさい。

（荷送人の通知義務）
第四十条の六　毒物又は劇物を車両を使用して、又は鉄道によつて運搬する場合で、当該運搬を他に委託するときは、その荷送人は、（　a　）に対し、あらかじめ、当該毒物又は劇物の（　b　）、成分及びその含量並びに数量並びに（　c　）を記載した書面を交付しなければならない。ただし、厚生労働省令で定める数量以下の毒物又は劇物を運搬する場合は、この限りでない。
2〜4略

	a	b	c
1	運送人	名称	事故の際に講じなければならない応急の措置の内容
2	運送人	用途	盗難の際に講じなければならない連絡の体制
3	荷受人	用途	事故の際に講じなければならない応急の措置の内容
4	荷受人	名称	盗難の際に講じなければならない連絡の体制
5	荷受人	名称	事故の際に講じなければならない応急の措置の内容

問 16　次の記述は、毒物及び劇物取締法第 21 条第 1 項の条文である。（　　）の中にあてはまる字句として、**正しいもの**を 1 つ選びなさい。

（登録が失効した場合等の措置）
第二十一条　毒物劇物営業者、特定毒物研究者又は特定毒物使用者は、その営業の登録若しくは特定毒物研究者の許可が効力を失い、又は特定毒物使用者でなくなつたときは、（　a　）以内に、毒物劇物営業者にあつてはその製造所、営業所又は店舗の所在地の都道府県知事（販売業にあつてはその店舗の所在地が、保健所を設置する市又は特別区の区域にある場合においては、市長又は区長）に、特定毒物研究者にあつてはその主たる研究所の所在地の都道府県知事（その主たる研究所の所在地が指定都市の区域にある場合においては、指定都市の長）に、特定毒物使用者にあつては、都道府県知事に、それぞれ現に所有する（　b　）の品名及び（　c　）を届け出なければならない。
2〜4略

	a	b	c
1	三十日	特定毒物	数量
2	三十日	毒物及び劇物	使用期限
3	十五日	特定毒物	数量
4	十五日	毒物及び劇物	使用期限
5	十五日	毒物及び劇物	数量

問 17　毒物及び劇物取締法施行令第 40 条の 9 第 1 項の規定に基づき、毒物劇物営業者が譲受人に対し行う、販売又は授与する毒物又は劇物の情報提供に関する記述の正誤について、**正しい組み合わせ**を 1 つ選びなさい。

a　「物理的及び化学的性質」を情報提供しなければならない。

b　情報提供は邦文で行わなければならない。

c　毒物劇物営業者に販売する場合には、必ず情報提供を行う必要がある。

d　1 回につき 200 ミリグラム以下の劇物を販売又は授与する場合には、情報提供を行わなくてもよい。

	a	b	c	d
1	誤	正	正	誤
2	誤	正	誤	正
3	正	正	誤	正
4	正	誤	正	正
5	正	誤	正	誤

問 18　毒物及び劇物取締法第 22 条第 1 項の規定に基づき、都道府県知事(事業場等の所在地が保健所設置市又は特別区の場合においては、市長又は区長)に業務上取扱者の届出をしなければならない者として、**正しいものの組み合わせ**を 1 つ選びなさい。

a　トルエンを使用して、塗装を行う事業者

b　四アルキル鉛を含有する製剤を、ガソリンへ混入する事業者

c　砒素化合物たる毒物を使用して、しろありの防除を行う事業者

d　最大積載量が 5,000 キログラムの大型自動車に固定された容器を用い、水酸化カリウム 10 ％を含有する製剤で液体状のものを運送する事業者

1 (a 、b)　　　2 (a 、c)　　　3 (b 、d)　　　4 (c 、d)

問 19 〜 20　次の違法行為に対する法の罰則規定について、**正しいもの**を 1 つずつ選びなさい。

問 19　18 歳未満の者に毒物又は劇物を交付した毒物劇物営業者

問 20　トルエンを含有するシンナーを、みだりに吸入することの情を知って販売した者

1　3 年以下の懲役若しくは 200 万円以下の罰金

2　2 年以下の懲役若しくは 100 万円以下の罰金

3　1 年以下の懲役若しくは 50 万円以下の罰金

4　6 月以下の懲役若しくは 50 万円以下の罰金

5　30 万円以下の罰金

奈良県

※特定品目はありません。

（一般・農業用品目共通）

問１　次のうち、毒物及び劇物取締法第２条の条文として、**正しいものを**１つ選びなさい。

1　この法律は、「毒物」とは、別表第一に掲げる物であつて、医薬品及び医薬部外品であるものをいう。
2　この法律は、「毒物」とは、別表第二に掲げる物であつて、医薬品及び医薬部外品であるものをいう。
3　この法律は、「毒物」とは、別表第一に掲げる物であつて、医薬品及び医薬部外品以外のものをいう。
4　この法律は、「毒物」とは、別表第二に掲げる物であつて、医薬品及び医薬部外品以外のものをいう。

問２　次のうち、毒物又は劇物の販売業に関する記述として、**正しいものを**１つ選びなさい。

1　登録は、毒物又は劇物の販売を行う店舗ごとに行う。
2　登録は、５年ごとに更新を受けなければ、その効力を失う。
3　登録は、地方厚生局長が行う。
4　一般販売業の登録を受けた者は、農業用品目又は特定品目を販売することができない。

問３　次のうち、毒物及び劇物取締法第３条の４に基づく、引火性、発火性又は爆発性のある毒物又は劇物であって政令で定めるものとして、**正しいものを**１つ選びなさい。

1　トルエン
2　カリウム
3　黄燐
4　ピクリン酸
5　塩素酸ナトリウム30％を含有する製剤

問４　毒物及び劇物取締法に関する記述の正誤について、**正しい組み合わせを**１つ選びなさい。

a　特定毒物を輸入することができるのは、特定毒物研究者のみである。
b　特定毒物使用者は、特定毒物を品目ごとに政令で定める用途以外の用途に供してはならない。
c　特定毒物を所持することができるのは、特定毒物研究者又は特定毒物使用者のみである。
d　特定毒物研究者は、特定毒物を学術研究以外の用途に供してはならない。

	a	b	c	d
1	正	誤	誤	誤
2	誤	誤	正	正
3	正	正	正	誤
4	誤	正	誤	正

問5　次のうち、毒物及び劇物の販売業の店舗の設備に関する基準として、**誤っている**ものを1つ選びなさい。

1　毒物又は劇物を貯蔵する場所に、換気口を備え、手洗いの設備があること。
2　貯水池その他容器を用いないで毒物又は劇物を貯蔵する設備は、毒物又は劇物が飛散し、地下に染み込み、又は流れ出るおそれがいないものであること。
3　毒物又は劇物の運搬用具は、毒物又は劇物が飛散し、漏れ、又はしみ出るおそれがないものであること。
4　毒物又は劇物を陳列する場所に、かぎをかける設備があること。

問6　毒物と劇物の組み合わせとして、**正しいもの**を1つ選びなさい。

	毒物	劇物
1	クロロホルム	ニコチン
2	四アルキル鉛	硝酸
3	水銀	シアン化ナトリウム
4	水酸化カリウム	ロテノン

問7〜8　次の記述は、毒物及び劇物取締法第8条第2項の条文である。（　　）にあてはまる字句として、**正しいもの**を1つ選びなさい。

次に掲げる者は、前条の毒物劇物取扱責任者となることができない。
一　略
二　略
三　麻薬、大麻、（　**問7**　）又は覚せい剤の中毒者
四　毒物若しくは劇物又は薬事に関する罪を犯し、罰金以上の刑に処せられ、その執行を終り、又は執行を受けることがなくなつた日から起算して（　**問8**　）を経過していない者

問7　1　コカイン　　　2　あへん　　　3　向精神薬　　　4　シンナー
　　　5　指定薬物

問8　1　一年　　　2　二年　　　3　三年　　　4　四年　　　5　五年

問9　毒物又は劇物の譲渡手続に関する記述の正誤について、**正しい組み合わせ**を1つ選びなさい。

a　毒物劇物営業者は、毒物又は劇物の譲渡手続に係る書面を、販売又は授与の日から3年間、保存しなければならない。
b　毒物劇物営業者が、毒物又は劇物を毒物劇物営業者以外の者に販売し、又は授与する場合、毒物又は劇物の譲渡手続に係る書面には、譲受人の押印が必要である。
c　毒物劇物営業者が、毒物又は劇物を毒物劇物営業者以外の者に販売し、又は授与した後に、譲受人から毒物又は劇物の譲渡手続に係る書面の提出を受けなければならない。
d　毒物又は劇物の譲渡手続に係る書面には、毒物又は劇物の名称及び数量、販売又は授与の年月日並びに譲受人の氏名、職業及び住所(法人にあっては、その名称及び主たる事務所の所在地住所)を記載しなければならない。

	a	b	c	d
1	正	誤	誤	誤
2	誤	誤	正	正
3	正	正	正	誤
4	誤	正	誤	正

問 10　毒物劇物営業者が行う毒物又は劇物の表示に関する記述の正誤について、**正しい組み合わせ**を 1 つ選びなさい。

a　劇物の容器及び被包には「医薬用外」の文字を必ず記載する必要はないが、毒物の容器及び被包には「医薬用外」の文字を記載する必要がある。

b　劇物の容器及び被包に、白地に赤色をもって「劇物」の文字を表示しなければならない。

c　毒物の容器及び被包に、黒地に白色をもって「毒物」の文字を表示しなければならない。

d　特定毒物の容器及び被包に、白地に黒色をもって「特定毒物」の文字を表示しなければならない。

	a	b	c	d
1	正	誤	正	正
2	誤	正	誤	誤
3	正	正	誤	正
4	誤	誤	誤	正

問 11　次の記述は、毒物及び劇物取締法第 12 条第 2 項の条文である。（　　）にあてはまる字句として、**正しいもの**を 1 つ選びなさい。

　毒物劇物営業者は、その容器及び被包に、左に掲げる事項を表示しなければ、毒物又は劇物を販売し、又は授与してはならない。
一　毒物又は劇物の名称
二　（　a　）
三　厚生労働省令で定める毒物又は劇物については、それぞれ厚生労働省令で定めるその（　b　）の名称
四　毒物又は劇物の取扱及び使用上特に必要と認めて、厚生労働省令で定めめる事項

	a	b
1	毒物又は劇物の成分及びその含量	中和剤
2	使用期限及び製造番号	中和剤
3	毒物又は劇物の成分及びその含量	解毒剤
4	使用期限及び製造番号	解毒剤
5	ロテノンを含有する製剤たる劇物	あせにくい黒色で着色

問 12　毒物及び劇物の廃棄に関する記述の正誤について、**正しい組み合わせ**を 1 つ選びなさい。

a　廃棄の方法について政令で定める技術上の基準に従わなければ、廃棄してはならない。

b　ガス体又は揮発性の毒物又は劇物は、技術上の基準として、保健衛生上危害を生ずるおそれがない場所で、少量ずつ放出し、又は揮発させること。

c　可燃性の毒物又は劇物は、技術上の基準として、保健衛生上危害を生ずるおそれがない場所で、少量ずつ燃焼させること。

	a	b	c
1	正	正	正
2	正	正	誤
3	誤	誤	正
4	誤	誤	誤

問 13　次のうち、毒物劇物取扱責任者に関する記述として、**誤っているもの**を 1 つ選びなさい。

1　毒物劇物販売業者は、毒物又は劇物を直接に取り扱う店舗ごとに、専任の毒物劇物取扱責任者を置かなければならない。

2　毒物又は劇物の製造業と販売業を併せ営む場合に、その製造所と店舗が互いに隣接しているとき、毒物劇物取扱責任者はこれらの施設を通じて 1 人で足りる。

3　毒物劇物販売業者は、自らが毒物劇物取扱責任者として毒物又は劇物による保健衛生上の危害の防止に当たる店舗には、毒物劇物取扱責任者を置く必要はない。

4　毒物劇物営業者は、毒物劇物取扱責任者を変更するときは、あらかじめその毒物劇物取扱責任者の氏名を届け出なければならない。

問14 毒物及び劇物取締法第10条の規定に基づき、毒物劇物営業者が30日以内に届け出なければないこととして、**正しいものの組み合わせ**を1つ選びなさい。

a 法人の場合、法人の代表取締役を変更したとき
b 登録品目である毒物の製造を廃止したとき
c 登録品目である劇物の輸入量を変更したとき
d 毒物又は劇物を貯蔵設備の重要な部分を変更したとき

1（a、b）　　2（a、c）　　3（b、d）　　4（c、d）

問15〜16 毒物劇物営業者が、特定毒物使用者に譲り渡す際に基準が定められている特定毒物の着色として、**正しいもの**を1つ選びなさい。

問15 モノフルオール酢酸アミドを含有する製剤
1 黒色　　2 紅色　　3 青色　　4 黄色　　5 緑色

問16 ジメチルエチルメルカプトエチルチオホスフエイトを含有する製剤
1 黒色　　2 紅色　　3 青色　　4 黄色　　5 緑色

問17 1回に1,000キログラムを超えて毒物又は劇物を車両を使用して運搬する場合で、当該運搬を他に委託するとき、荷送人が運送人に対し、あらかじめ交付しなければならない書面の内容の正誤について、**正しい組み合わせ**を1つ選びなさい。

a 毒物又は劇物の名称
b 毒物又は劇物の用途
c 毒物又は劇物の数量
d 事故の際に講じなければならない応急の措置の内容

	a	b	c	d
1	誤	正	誤	正
2	正	誤	正	正
3	正	誤	正	誤
4	誤	正	誤	誤

問18〜19 次の記述は、毒物及び劇物取締法第17条の条文である。（　　）にあてはまる字句として、**正しいもの**を1つ選びなさい。

　毒物劇物営業者及び特定毒物研究者は、その取扱いに係る毒物若しくは劇物又は第十一条第二項の政令で定める物が飛散し、漏れ、流れ出し、染み出し、又は地下に染み込んだ場合において、不特定又は多数の者について保健衛生上の危害が生ずるおそれがあるときは、（　**問18**　）、その旨を（　**問19**　）に届け出るとともに、保健衛生上の危害を防止するため必要な応急の措置を講じなければならない。
　2　略

問18 1 直ちに　　2 速やかに　　3 遅滞なく
　　　4 二十四時間以内　　　　5 四十八時間以内
問19 1 保健所又は警察署　　　　　　2 市町村役場又は警察署
　　　3 保健所、警察署又は消防機関　　4 市町村役場、警察署又は消防機関
　　　5 保健所、市町村役場、警察署又は消防機関

問 20　次のうち、毒物及び劇物取締法第 18 条に基づく立入検査等に関する記述として、**誤っているもの**を 1 つずつ選びなさい。

1　都道府県知事は、保健衛生上必要があると認めるときは、毒物劇物監視員に、特定毒物研究者の研究所に立ち入り、帳簿その他の物件をさせることができる。
2　都道府県知事は、保健衛生上必要があると認めるときは、毒物劇物監視員に、毒物劇物販売業者の店舗に立ち入り、試験のため必要な最小限度の分量に限り、毒物、劇物、毒物及び劇物取締法第 11 条第 2 項の政令で定める物若しくはその疑いのある物を収去させることができる。
3　都道府県知事は、犯罪捜査のために必要があると認めるときは、毒物劇物製造業者から必要な報告を徴することができる。
4　毒物劇物監視員は、その身分を示す証票を携帯市、関係者の請求があるときは、これを提示しなければならない。

〔基礎化学編〕
関西広域連合統一共通〔滋賀県、京都府、大阪府、和歌山県、兵庫県、徳島県〕

【令和2年度実施】

（一般・農業用品目・特定品目共通）

問21 メタン(CH_4)分子の立体構造について、正しいものを1～5から一つ選べ。

1 直線形　　　2 正四面体形　　　3 正六面体形
4 正八面体形　　　5 折れ線形

問22 次の純物質と混合物及びその分離に関する記述について、（　　）の中に入れるべき字句の正しい組合せを下表から一つ選べ。

物質は純物質と混合物に分類される。空気は（ a ）であるが、エタノールは（ b ）である。純物質にはほかにも（ c ）などがある。また、混合物の分離の方法として、原油からガソリンと灯油を分離する操作を（ d ）といい、熱湯を注いでコーヒーの成分を溶かし出す操作を（ e ）という。

	a	b	c	d	e
1	混合物	純物質	海水	ろ過	蒸留
2	純物質	混合物	岩石	分留	抽出
3	混合物	純物質	塩化ナトリウム	分留	抽出
4	純物質	混合物	牛乳	抽出	蒸留
5	混合物	純物質	塩化ナトリウム	抽出	分留

問23 塩酸(HCl 水溶液)及び水酸化ナトリウム($NaOH$)水溶液の性質に関する記述の正誤について、正しい組合せを下表から一つ選べ。

a 塩酸は、フェノールフタレイン溶液を赤色に変える。
b 水酸化ナトリウム水溶液は、赤色リトマス紙を青色に変える。
c 0.1mol/L 塩酸の pH は、5.7程度の弱酸性を示す。
d 薄い水酸化ナトリウム水溶液が手につくとぬるぬるする。

	a	b	c	d
1	誤	正	誤	正
2	正	誤	正	誤
3	誤	正	正	誤
4	誤	誤	正	正
5	正	正	誤	誤

問24 原子に関する記述について、（　　）の中に入れるべき字句の正しい組合せを下表から一つ選べ。

原子は、中心にある原子核と、その周りに存在する電子で構成されている。原子核は、陽子と中性子からできており、このうち（ a ）の数は原子番号と等しくなる。また、原子には原子番号は同じでも、（ b ）の数が異なるために質量数が異なる原子が存在するものがあり、これらを互いに（ c ）という。たとえば、水素原子(H)の場合、^1H と ^3H では質量数が（ d ）倍異なるが、その化学的性質はほとんど同じである。

	a	b	c	d
1	陽子	中性子	同素体	3
2	中性子	陽子	同位体	3
3	陽子	中性子	同素体	2
4	中性子	陽子	同素体	2
5	陽子	中性子	同位体	3

問 25 0.1mol/L の酢酸 (CH₃COOH) 水溶液 10mL に水を加えて、全体で 100mL とした。この溶液の pH はいくらになるか。最も近いものを 1 ～ 5 から一つ選べ。
ただし、この溶液の温度は 25℃、CH₃COOH の電離度を 0.010 とする。

1　1.0　　　2　2.0　　　3　3.0　　　4　4.0　　　5　5.0

問 26 イオン結晶の性質に関する一般的な記述について、誤っているものを 1 ～ 5 から一つ選べ。
1　融点の高いものが多い。
2　固体は電気をよく通す。
3　硬いが、強い力を加えると割れやすい。
4　結晶中では、陽イオンと陰イオンが規則正しく並んでいる。
5　水に溶けると、イオンが動けるようになる。

問 27 次の電池に関する記述について、（　）の中に入れるべき字句の正しい組合せを下表から一つ選べ。

電池は（ a ）反応を利用して電気エネルギーを取り出す装置である。一般にイオン化傾向の異なる 2 種類の金属を（ b ）に浸すと電池ができる。外部に電子が流れ出す電極を（ c ）、外部から電子が流れ込む電極を（ d ）という。また、両電極間に生じた電位差を（ e ）という。

	a	b	c	d	e
1	酸化還元	電解液	正極	負極	起電力
2	中和	標準液	正極	負極	起電力
3	中和	電解液	正極	負極	分子間力
4	酸化還元	標準液	負極	正極	分子間力
5	酸化還元	電解液	負極	正極	起電力

問 28 次の図は、温度と圧力の変化に応じて水がとりうる状態を示している。領域 A、B、C の状態を表す正しい組合せを下表から一つ選べ。

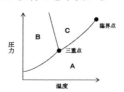

	A	B	C
1	気体	固体	液体
2	固体	気体	液体
3	液体	固体	気体
4	気体	液体	固体
5	固体	液体	気体

問 29　次の熱化学方程式で示される化学反応が、ある温度、圧力のもとで平衡状態にある。

$$H_2(気) + I_2(気) = 2\,HI(気) + 9\ kJ$$

平衡が右に移動する操作を 1 ～ 5 から一つ選べ。

1　圧力を高くする。
2　圧力を低くする。
3　ヨウ化水素ガスを加える。
4　温度を上げる。
5　温度を下げる。

問 30　海水に関する記述の正誤について、正しい組合せを下表から一つ選べ。

a　海水でぬれた布は、真水でぬれたものより乾きにくい。
b　海水は真水よりも低い温度で凝固する。
c　海水の沸点は、真水の沸点より低い。

	a	b	c
1	誤	誤	正
2	誤	正	正
3	正	正	正
4	正	正	誤
5	正	誤	誤

問 31　酸化物(酸素と他の元素との化合物)に関する記述について、(　)の中に入れるべき字句の正しい組合せを下表から一つ選べ。

　酸素は反応性に富み、多くの元素と化合して酸化物をつくる。非金属元素の酸化物のうち、SO_3 など、水と反応して酸を生じたり、塩基と反応して塩を生じるものを(a)酸化物という。一方、金属元素の酸化物のうち MgO など、水と反応して塩基を生じたり、酸と反応して塩を生じるものを(b)酸化物という。ZnO など、酸・強塩基のいずれとも反応して塩を生じるものを(c)酸化物という。

	a	b	c
1	酸性	塩基性	両性
2	酸性	両性	塩基性
3	塩基性	酸性	両性
4	塩基性	両性	酸性
5	両性	塩基性	酸性

問 32　二酸化炭素の検出方法に関する記述について、正しいものを 1 ～ 5 から一つ選べ。

1　濃塩酸を近づけると白煙を上げる。
2　ヨウ化カリウム水溶液からヨウ素を遊離させる。
3　ヨウ素溶液の色を消す。
4　酢酸鉛(II)水溶液に通じると、黒色の沈殿を生成する。
5　石灰水に通すと白濁する。

問 33　次の化学式で示される官能基とその官能基をもつ化合物の一般名の組合せについて、誤っているものを下表から一つ選べ。

	化学式	化合物の一般名
1	$-OH$	アルコール・フェノール類
2	$>C=O$	ケトン
3	$-NH_2$	アミン
4	$-CHO$	カルボン酸
5	$-SO_3H$	スルホン酸

問 34 次のエステルに関する一般的な記述について、<u>誤っているもの</u>を1～5から一つ選べ。

1 カルボン酸とアルコールが縮合して生成する。
2 水に溶けやすく、有機溶媒に溶けにくい。
3 低分子量のカルボン酸エステルには、果実のような芳香を持つものがある。
4 エステルの加水分解反応では、H^+が存在すると触媒として働くため、反応が早くなる。
5 油脂は高級脂肪酸とグリセリンのエステルである。

問 35 一般的に、タンパク質を変性させる<u>要因にならないもの</u>を1～5から一つ選べ。

1 加熱　　2 強酸　　3 水　　4 有機溶媒　　5 重金属イオン

関西広域連合統一共通〔滋賀県、京都府、大阪府、和歌山県、兵庫県、徳島県〕

【令和3年度実施】

（一般・農業用品目・特定品目共通）

問21 Al（アルミニウム）、Cu（銅）、K（カリウム）、Pb（鉛）をイオン化傾向の大きいものから順に並べたものとして、正しいものを1～5から一つ選べ。

1　Al ＞ K ＞ Cu ＞ Pb
2　Al ＞ K ＞ Pb ＞ Cu
3　Al ＞ Pb ＞ K ＞ Cu
4　K ＞ Al ＞ Pb ＞ Cu
5　K ＞ Cu ＞ Al ＞ Pb

問22 互いが同素体である正しいものの組合せを1～5から一つ選べ。

a　赤リンと黄リン
b　一酸化炭素と二酸化炭素
c　ダイヤモンドと黒鉛
d　メタノールとエタノール

1（a、b）　2（a、c）　3（a、d）　4（b、d）　5（c、d）

問23 塩化ナトリウム234.0gを水に溶かして2.0Lの水溶液をつくった。この溶液のモル濃度は何mol/Lか。最も近い値を1～5から一つ選べ。
ただし、Naの原子量を23.0、Clの原子量を35.5とする。

1　1.0　　　2　2.0　　　3　3.0　　　4　4.0　　　5　5.0

問24 次のマグネシウムに関する記述について、（　）の中に入れるべき字句の正しい組合せを下表から一つ選べ。

マグネシウム原子は、原子核に12個の陽子があり、電子殻に（　a　）個の電子がある。最外殻から2個の電子が放出されると、電子配置は貴ガス（希ガス）の（　b　）原子と同じになり、安定になる。この時、陽子に比べて電子数が2個（　c　）なり、2価の陽イオンであるマグネシウムイオンになる。

	a	b	c
1	12	ネオン	少なく
2	12	アルゴン	少なく
3	14	ヘリウム	多く
4	20	アルゴン	多く
5	20	ネオン	少なく

問 25　濃度がわからない過酸化水素水 20.0mL に希硫酸を加えて酸性とし、これに 0.0400mol/L の過マンガン酸カリウム水溶液を滴下していくと、10.0mL 加えたところで、過マンガン酸カリウムの赤紫色が消失しなくなり、溶液が薄い赤紫色になった。この過酸化水素水の濃度は何 mol/L になるか。最も近い値を 1 ～ 5 から一つ選べ。なお、硫酸酸性下での過酸化水素水と過マンガン酸カリウム水溶液の反応は、次の化学反応式で表されるものとする。

$2 KMnO_4 + 5 H_2O_2 + 3 H_2SO_4 \rightarrow 2 MnSO_4 + 5 O_2 + 8 H_2O + K_2SO_4$

1　0.0100　　　　2　0.0200　　　3　0.0250
4　0.0500　　　　5　0.100

問 26　次の気体の性質に関する記述について、正しいものの組合せを 1 ～ 5 から一つ選べ。
a　温度が一定のとき、一定物質量の気体の体積は圧力に比例する。
b　圧力が一定のとき、一定物質量の気体の体積は絶対温度に比例する。
c　混合気体の全圧は、各成分気体の分圧の和に等しい。
d　実在気体は、低温・高圧の条件下では理想気体に近いふるまいをする。

1（a、b）　2（a、d）　3（b、c）　4（b、d）　5（c、d）

問 27　次の化学反応及びその速さ（反応速度）に関する記述について、誤っているものを 1 ～ 5 から一つ選べ。
1　一般に、反応物の濃度が大きいほど、反応速度は小さくなる。
2　一般に、固体が関係する反応では、固体の表面積を大きくすると、反応速度は大きくなる。
3　反応速度は、温度以外の条件が一定のとき、温度が高くなると、大きくなる。
4　反応の前後で物質自体は変化せず、反応速度を大きくする物質を触媒という。
5　反応物を活性化状態（遷移状態）にするのに必要な最小のエネルギーを、その反応の活性化エネルギーという。

問 28　次のコロイドに関する記述について、正しいものの組合せを 1 ～ 5 から一つ選べ。
a　気体、液体、固体の中に、ほかの物質が直径 1 ～ 数百 n　m 程度の大きさの粒子となって分散している状態をコロイドという。
b　疎水コロイドに少量の電解質を加えたとき、沈殿が生じる現象を塩析という。
c　コロイド溶液では、熱運動によって分散媒分子が不規則にコロイド粒子に衝突するために、コロイド粒子が不規則な運動をする。これをブラウン運動という。
d　透析は、コロイド粒子が半透膜を透過できる性質を利用している。

1（a、b）　2（a、c）　3（a、d）　4（b、d）　5（c、d）

問 29　次の反応熱に関する記述の正誤について、正しい組合せを下表から一つ選べ。
a　燃焼熱とは、物質 1 mol が完全に燃焼するときの反応熱で、すべて発熱反応である。
b　生成熱とは、化合物 1 mol がその成分元素の単体から生成するときの反応熱で、すべて発熱反応である。
c　化学反応式の右辺に反応熱を書き加え、両辺を等号（＝）で結んだ式を、熱化学方程式という。

	a	b	c
1	誤	正	誤
2	正	正	正
3	誤	正	正
4	正	誤	正
5	正	誤	誤

問30　次の物質のうち、共有結合を形成しない物質を、1～5から一つ選べ。

1　二酸化ケイ素　　　　2　アンモニア
3　二酸化炭素　　　　　4　塩化水素
5　カリウム

問31　次の水素に関する記述について、（　）の中に入れるべき字句の正しい組合せを下表から一つ選べ。

　　水素は、無色、無臭で、すべての物質の中で単体の密度が最も（　a　）。また、水に溶けにくいので、水素を発生させる際には（　b　）で捕集する。水素は、貴ガス（希ガス）を除くほとんどの元素と反応して化合物を作る。NH_3、H_2O、HF などがあり、これらの水素化合物は、周期表で右へ行くほど酸性が（　c　）なる。

	a	b	c
1	大きい	水上置換	弱く
2	大きい	下方置換	強く
3	小さい	水上置換	強く
4	小さい	水上置換	弱く
5	小さい	下方置換	弱く

問32　次の窒素とその化合物に関する一般的な記述について、誤っているものを1～5から一つ選べ。

1　窒素は、無色、無臭の気体で、空気中に体積比で約78％含まれる。
2　アンモニアは、工業的には触媒を用いて、窒素と水素から合成される。
3　一酸化窒素は、水に溶けやすい赤褐色の気体である。
4　二酸化窒素は、一酸化窒素が空気中で速やかに酸化されて生成する。
5　硝酸は光や熱で分解しやすいので、褐色のびんに入れ冷暗所に保存する。

問33　次のアルコールに関する一般的な記述について、誤っているものを1～5から一つ選べ。

1　メタノールは、水と任意の割合で混じり合う。
2　エタノールは、酵母によるグルコース（ブドウ糖）のアルコール発酵によって得られる。
3　エチレングリコール（1,2－エタンジオール）は、粘性のある不揮発性の液体で、自動車エンジン冷却用の不凍液に用いられる。
4　グリセリン（1,2,3－プロパントリオール）は、油脂を水酸化ナトリウム水溶液でけん化することで得られる。
5　第二級アルコールは、酸化されるとカルボン酸になる。

問34　次の芳香族化合物に関する記述について、正しいものを1～5から一つ選べ。

1　トルエンは、ベンゼンの水素原子1個をヒドロキシ基で置換した化合物である。
2　ナフタレンは、2個のベンゼン環が一辺を共有した構造を持つ物質であり、用途のひとつとして防虫剤がある。
3　フェノールは、石炭酸とも呼ばれ、その水溶液は炭酸よりも強い酸性を示す。
4　安息香酸の水溶液は、塩酸と同程度の酸性を示す。
5　サリチル酸は、分子中に－COOH と－NH_2 の両方を持っている

問 35 イオン交換樹脂に関する記述について、（　　　）の中に入れるべき字句の正しい組合せを下表から一つ選べ。なお、複数箇所の（ b ）内には、同じ字句がはいる。

　　溶液中のイオンを別のイオンと交換するはたらきをもつ合成樹脂を、イオン交換樹脂という。スルホ基（ー SO_3H）を導入したものは、陽イオン交換樹脂といい、これに塩化ナトリウム（NaCl）水溶液を通すと、水溶液中の（ a ）が樹脂中の（ b ）と置換され、（ b ）が放出される。そのため、溶液は（ c ）になる。（希

	a	b	c
1	Na^+	H^+	酸性
2	Na^+	H^+	塩基性
3	Na^+	OH^-	酸性
4	Cl^-	OH^-	酸性
5	Cl^-	OH^-	塩基性

関西広域連合統一共通〔滋賀県、京都府、大阪府、和歌山県、兵庫県、徳島県〕

【令和４年度実施】

（一般・農業用品目・特定品目共通）

問21 次の原子に関する記述について、（　）の中に入れるべき字句の正しい組合せを１～５から一つ選べ。

原子は、中心にある原子核と、その周りに存在する電子で構成されていて、原子核は陽子と中性子からできている。原子の原子番号は（　a　）で示され、原子の質量数は（　b　）となる。原子番号は同じでも、質量数が異なる原子が存在するものもあり、これらを互いに（　c　）という。

	a	b	c
1	陽子数	陽子数と電子数の和	同素体
2	陽子数	陽子数と中性子数の和	同素体
3	陽子数	陽子数と中性子数の和	同位体
4	中性子数	陽子数と中性子数の和	同素体
5	中性子数	陽子数と電子数の和	同位体

問22 次の化合物とその結合様式について、正しい組合せを１～５から一つ選べ。

	$MgCl_2$	NH_3	ZnO
1	イオン結合	共有結合	金属結合
2	イオン結合	共有結合	イオン結合
3	金属結合	共有結合	金属結合
4	共有結合	イオン結合	イオン結合
5	共有結合	イオン結合	金属結合

問23 5.0％の塩化ナトリウム水溶液700gと15％の塩化ナトリウム水溶液300gを混合した溶液は何％になるか。最も近い値を１～５から一つ選べ。
ただし、％は質量パーセント濃度とする。

1　7.0　　　2　8.0　　　3　9.0　　　4　10　　　5　11

問24 塩化ナトリウムを水に溶かして、濃度が 2.00mol/L の水溶液を 500mL つくった。この溶液に用いた塩化ナトリウムは何gか。最も近い値を１～５から一つ選べ。ただし、Na の原子量を23.0、Cl の原子量を35.5とする。

1　14.6　　　2　23.4　　　3　58.5　　　4　117　　　5　234

問25 ｐＨ３の酢酸水溶液のモル濃度は何ｍｏｌ/Lになるか。最も近い値を１～５から一つ選べ。ただし、この溶液の温度は２５℃、この濃度における酢酸の電離度は 0.020 とする。

1　0.50　　　2　0.10　　　3　0.050　　　4　0.010　　　5　0.0010

問 26　次のコロイドに関する記述について、正しいものの組合せを1～5から一つ選べ。

a　チンダル現象は、コロイド粒子自身の熱運動によるものである。
b　透析は、コロイド粒子が半透膜を透過できない性質を利用している。
c　コロイド溶液に直流電圧をかけると、陽極又は陰極に向かってコロイド粒子が移動する現象を電気泳動という。
d　タンパク質やデンプンなどのコロイドは、疎水コロイドである。

1 (a、b)　　2 (a、d)　　3 (b、c)　　4 (b、d)　　5 (c、d)

問 27　次の沸点又は沸騰に関する記述について、誤っているものを1～5から一つ選べ。

1　沸騰は、液体の蒸気圧が外圧(大気圧)と等しくなったときに起こる。
2　純物質では、液体が沸騰を始めると、すべて気体になるまで温度は沸点のまま一定である。
3　富士山の山頂では、外圧が低いため、水は100℃より低い温度で沸騰する。
4　水の沸点は、同族元素の水素化合物の中では、著しく高い。
5　イオン結合で結ばれた物質は、沸点が低い。

問 28　次の分子結晶に関する記述について、誤っているものを1～5から一つ選べ。

1　分子が分子間力によって規則的に配列した結晶である。
2　氷は分子結晶である。
3　ヨウ素は分子結晶である。
4　融解すると電気を通す。
5　昇華性を持つものが多い。

問 29　亜鉛板と銅板を導線で接続して希硫酸に浸した電池(ボルタ電池)に関する記述の正誤について、正しい組合せを1～5から一つ選べ。

a　イオン化傾向の大きい亜鉛が、水溶液中に溶け出す。
b　亜鉛は還元されている。
c　銅板表面では水素が発生する。

	a	b	c
1	正	誤	正
2	誤	正	正
3	正	正	正
4	誤	正	誤
5	正	誤	誤

問 30　次の物質を水に溶かした場合に、酸性を示すものの組合せを1～5から一つ選べ。

a　CH_3COONa　　b　NH_4Cl　　c　K_2SO_4　　d　$CuSO_4$

1 (a、b)　　2 (a、c)　　3 (b、c)　　4 (b、d)　　5 (c、d)

問 31　次の金属イオンの反応に関する記述について、誤っているものを1～5から一つ選べ。

1　Pb^{2+}を含む水溶液に希塩酸を加えると、白色の沈殿を生成する。
2　Cu^{2+}を含む水溶液に硫化水素を通じると、黒色の沈殿を生成する。
3　Ba^{2+}を含む水溶液は、黄緑色の炎色反応を呈する。
4　Na^+を含む水溶液に炭酸アンモニウム水溶液を加えると、白色の沈殿を生成する。
5　K^+を含む水溶液は、赤紫色の炎色反応を呈する。

問32　次の錯イオンに関する記述について、（　）の中に入れるべき字句の正しい組合せを1～5から一つ選べ。なお、複数箇所の（ a ）内には、同じ字句が入る。

　　金属イオンを中心として、非共有電子対をもつ分子や陰イオンが（ a ）結合してできたイオンを錯イオンという。例えば、硫酸銅（Ⅱ）$CuSO_4$水溶液に塩基の水溶液を加えて生じた水酸化銅（Ⅱ）$Cu(OH)_2$の沈殿に、過剰のアンモニア水 NH_3 を加えると、水酸化銅（Ⅱ）の沈殿は溶け、（ b ）の水溶液になるが、これはテトラアンミン銅（Ⅱ）イオン $[Cu(NH_3)_4]^{2+}$ が生じるからである。このとき、非共有電子対を与えて（ a ）結合する分子や陰イオンのことを、（ c ）という。

	a	b	c
1	配位	深青色	配位子
2	配位	配位	錯塩
3	イオン	深青色	配位子
4	イオン	無色	配位子
5	イオン	無色	錯塩

問33　次の有機化合物に関する記述について、（　）の中に入れるべき字句の正しい組合せを1～5から一つ選べ。なお、複数箇所の（ a ）内には、同じ字句が入る。

　　炭素と水素でできた化合物を（ a ）といい、（ a ）を構成する原子は共有結合で結合している。炭素原子間の結合は、単結合だけでなく、二重結合や三重結合を作ることもあり、二重結合と三重結合はまとめて（ b ）と呼ばれている。例えば、アセチレンのようなアルキンは、（ c ）結合を1つもっている化合物である。

	a	b	c
1	炭水化物	飽和結合	二重
2	炭水化物	不飽和結合	三重
3	炭化水素	飽和結合	二重
4	炭化水素	飽和結合	三重
5	炭化水素	不飽和結合	三重

問34　次の有機化合物に関する一般的な記述について、誤っているものを1～5から一つ選べ。

　1　ジエチルエーテルは、単にエーテルとも呼ばれ、無色の揮発性の液体で引火性がある。
　2　無水酢酸は、酢酸2分子から水1分子が取れてできた化合物であり、酸性を示さない。
　3　アセトンは、芳香のある無色の液体で、水にも有機溶剤にもよく溶ける。
　4　乳酸は、不斉炭素原子を持つ化合物であるため、鏡像異性体が存在する。
　5　アニリンは、不快なにおいを持つ弱酸性の液体である。

問35　次の化学反応式のうち、酸化還元反応であるものの組合せを1～5から一つ選べ。

　a　$2H_2S + O_2 \rightarrow 2S + 2H_2O$
　b　$CH_3COOH + C_2H_5OH \rightarrow CH_3COOC_2H_5 + H_2O$
　c　$2H_2SO_4 + Cu \rightarrow CuSO_4 + SO_2 + 2H_2O$
　d　$CO_2 + 2NaOH \rightarrow Na_2CO_3 + H_2O$

　1（a、b）　　2（a、c）　　3（b、c）　　4（b、d）　　5（c、d）

〔基礎化学〕

奈良県
【令和2年度実施】
(注) 特定品目はありません

(一般・農業用品目共通)

問21～31　次の記述について、(　)の中に入れるべき字句のうち、正しいものを1つ選びなさい。

問21　次のうち、イオン化傾向が最も大きい元素は(　)である。

　1　Ca　　2　Co　　3　K　　4　Ni　　5　Li

問22　次のうち、アンモニアの工業的製法は(　)である。

　1　アンモニアソーダ法　　2　オストワルト法　　3　ハーバー・ボッシュ法
　4　接触法　　　　　　　　5　ホール・エルー法

問23　次のうち、石灰水に二酸化炭素を通じると生成する物質は(　)である。

　1　Na_2CO_3　2　$MgCO_3$　3　$CaCO_3$　4　NaCl　5　$CaCl_2$

問24　次のうち、原子番号12の元素は(　)である。

　1　Zn　　2　Na　　3　C　　4　Al　　5　Mg

問25　次のうち、一定温度において、一定量の気体の体積は圧力に反比例することを示す法則は(　)である。

　1　ボイルの法則　　2　シャルルの法則　　3　ラウールの法則
　4　ドルトンの分圧の法則　　　　5　ヘンリーの法則

問26　次のうち、両性酸化物である化合物は(　)である。

　1　CO_2　　2　P_4O_{10}　　3　CuO　　4　BaO　　5　ZnO

問27　次のうち、ヒドロキシ基とカルボキシ基の両方をもつ化合物は(　)である。

　1　アセチルサリチル酸　　2　p－ヒドロキシアゾベンゼン
　3　サリチル酸　　4　サリチル酸メチル　　5　クメンヒドロペルオキシド

問28　HClO(次亜塩素酸)の塩素の酸化数は(　)である。

　1　－3　　2　－1　　3　0　　4　＋1　　5　＋3

問29　次のうち、硫酸酸性の過マンガン酸カリウム水溶液とシュウ酸水溶液が酸化還元反応すると発生する気体は(　)である。

　1　CO_2　　2　O_2　　3　H_2　　4　Br_2　　5　CO

問30　次のうち、炎色反応で黄色を示す元素は(　)である。

　1　Li　　2　Sr　　3　K　　4　Na　　5　Cu

問31　次のうち、アルキンは(　)である。

　1　アセチレン　　2　ブタン　　3　シクロペンタン
　4　δ－バレロラクタム　　5　1－ブテン

問 32　次の金属の化学的性質に関する記述のうち、**正しいもの**を 1 つ選びなさい。

1　Ca は、塩酸に溶けない。
2　Pt は、空気中（常温）で酸化されない。
3　Zn は、高温の水蒸気と反応しない。
4　Au は、王水に溶けない。

問 33　次の鉄イオン（Fe^{2+}、Fe^{3+}）の性質に関する記述のうち、**正しいもの**を 1 つ選びなさい。

1　Fe^{2+} の水溶液は黄褐色、Fe^{3+} の水溶液は淡緑色である。
2　Fe^{2+}、Fe^{3+} の配位数はいずれも 4 で、錯イオンは正四面体の構造をとる。
3　Fe^{2+} の水溶液にアンモニア水を加えるとゲル状沈殿を生成するが、この沈殿は過剰のアンモニア水を加えても溶解することはない。
4　Fe^{2+} を含む水溶液にチオシアン酸カリウム水溶液を加えると血赤色の溶液となる。

問 34　次の電気分解に関する記述のうち、**誤っているもの**を 1 つ選びなさい。

1　陽極では酸化反応がおこり、陰極では還元反応がおこる。
2　純水は電流がほとんど流れないため、電気分解を行うことはできない。
3　Ag^+ と Cu^{2+} を含む水溶液の電気分解では、最初に Cu が析出し、次に Ag が析出する。
4　陽極、陰極ともに白金電極を使用した塩化銅（Ⅱ）水溶液の電気分解では、陽極に塩素が発生し、陰極に銅が析出する。

問 35　次のアルデヒドに関する記述のうち、**正しいもの**を 1 つ選びなさい。

1　アセトアルデヒドは、酸化するとギ酸になる。
2　アルデヒド基の検出方法の 1 つとして、バイルシュタイン反応がある。
3　エタノールを硫酸酸性のニクロム酸カリウム水溶液を用いて穏やかに酸化させるとホルムアルデヒドが得られる。
4　ホルマリンは、長く放置すると白い沈殿（パラホルムアルデヒド）を生じることがある。

問 36　次のベンゼンに関する記述のうち、**誤っているもの**を 1 つ選びなさい。

1　ベンゼンに鉄粉を加えて、等物質量の塩素を通じると、クロロベンゼンが生成する。
2　ベンゼンを酸素のない条件で、光を当てながら塩素を作用させると、ヘキサクロロシクロヘキサンが生成する。
3　ベンゼンに濃硝酸と濃硫酸の混合物を加えて約 60 ℃で反応させるとニトロトルエンが生成する。
4　ベンゼン環を持つ炭化水素を、芳香族炭化水素またはアレーンという。

問 37　次の同素体とその性質に関する記述のうち、**誤っているもの**を 1 つ選びなさい。

1　炭素の同素体としてグラファイト、ダイヤモンド、フラーレン等がある
2　ダイヤモンドは電気を通さないが、グラファイトは電気を通す。
3　酸素の同素体は存在しない。
4　硫黄の同素体である斜方硫黄と単斜硫黄では、常温においては斜方硫黄の方が安定である。

問 38　1.8×10^{24} 個の酸素分子は何 g になるか。**正しいもの**を 1 つ選びなさい。
（原子量：O ＝ 16、アボガドロ定数：6.0×10^{23} /mol とする。）

1　16 g　　2　32g　　3　64g　　4　96g　　5　128 g

問 39　40 ℃の硝酸カリウムの飽和水溶液 80g を 60 ℃に加熱すると、あと何 g の硝酸カリウムを溶かすことができるか。**正しいもの**を 1 つ選びなさい。ただし、固体の溶解度は溶媒（水）100g に溶けうる溶質の最大質量の数値（g）であり、硝酸カリウムの水に対する溶解度は 40 ℃で 60、60 ℃で 110 とする。

　　1　20 g　　　2　25g　　　3　30g　　　4　35g　　　5　40 g

問 40　プロパン（C_3H_8）とブタン（C_4H_{10}）を混合した気体 3 L を空気中で完全燃焼させたところ、二酸化炭素 11 L と水 14 L が生じた。この混合気体の完全燃焼に必要な空気の体積として、**正しいもの**を 1 つ選びなさい。ただし、空気は酸素と窒素が体積比で 1：4 の割合で混合したものとする。

　　1　18L　　　2　36L　　　3　72L　　　4　90L　　　5　108L

奈良県

（一般・農業用品目共通）

問 21 ～ 31　次の記述について、(　　)の中に入れるべき字句のうち、**正しいもの**を１つ選びなさい。

問 21　次のうち、核酸である物質は(　　)である。

1　チアミン　　2　シトルリン　　3　アデニン　　4　チロシン
5　グアニジン

問 22　次のうち、Ａｓの元素記号で表される元素は(　　)である。

1　金　　2　アンチモン　　3　アスタチン　　4　ヒ素　　5　水銀

問 23　次のうち、常温、常圧で空気より軽い気体は(　　)である。

1　NH_3　　2　CO_2　　3　H_2S　　4　HCl　　5　SO_2

問 24　次のうち、常温、常圧で無臭の物質は(　　)である。

1　二酸化窒素　　2　ギ酸　　3　メタン　　4　酢酸エチル
5　フッ化水素

問 25　次のうち、硫化水素と反応した際、白色の沈殿物を生成する水溶液に含まれる金属イオンは(　　)である。

1　Cu^{2+}　　2　Cd^{2+}　　3　Sn^{2+}　　4　Zn^{2+}　　5　Mn^{2+}

問 26　次のうち、塩化水素の乾燥剤として不適当なものは(　　)である。

1　十酸化四リン(酸化リン(V))　　2　濃硫酸
3　塩化カルシウム　　4　シリカゲル　　5　ソーダ石灰

問 27　次のうち、ニンヒドリン反応において黄色に呈色するアミノ酸は(　　)である。

1　アスパラギン酸　　2　フェニルアラニン　　3　グリシン
4　プロリン　　　　　5　メチオニン

問 28　次のうち、不飽和の２価カルボン酸は(　　)である。

1　プロピオン酸　　2　吉草酸　　3　マレイン酸　　4　リノール酸
5　コハク酸

問 29　次のうち、二酸化炭素分子の立体構造は(　)である。

1　直線形　　2　正四面体形　　3　三角錐形　　4　正三角形
5　折れ線形

問 30　次のうち、気体から液体となる状態変化は(　)である。

1　昇華　　2　融解　　3　蒸発　　4　凝固　　5　凝縮

問 31　次のうち、カルボン酸とアルコールが脱水縮合して、化合物が生成する反応は、（　）である。

1　ジアゾ化　　2　ニトロ化　　3　エステル化　　4　アセチル化
5　アルキル化

問 32　次の化学結合に関する記述のうち、**正しいもの**を選びなさい。

1　水素結合は、2個の原子がそれぞれ不対電子を出し合って、電子対をつくることによってできる結合である。
2　共有結合は、原子の周りを動き回る自由電子を仲立ちとしてできる結合である。
3　配位結合は、非共有電子対が一方の原子から他方の原子やイオンに提供されてできる結合である。
4　金属結合は、陽イオンと陰イオンとの間に働く静電気力（クーロン力）によってできる結合である。

問 33　マンガンとその化合物の性質等に関する記述のうち、**正しいもの**を1つ選びなさい。

1　マンガンは、周期表の7族に属する。
2　マンガン化合物のマンガンの酸化数は、＋2か＋5である。
3　酸化マンガンは、黒褐色の粉末で水によく溶ける。
4　過マンガン酸カリウムは、黄色の結晶で水によく溶ける。

問 34　次のハロゲンに関する記述のうち、**誤っているもの**を1つ選びなさい。

1　ハロゲンの単体は、いずれも二原子分子で有毒である。
2　原子番号の大きいものほど水と反応しやすい。
3　塩素とフッ素では、フッ素の方が酸化力が強い。
4　ヨウ素は、常温で黒紫色の固体である。

問 35　原子とその構造に関する記述のうち、**正しいもの**を1つ選びなさい。

1　原子核は、いくつかの陽子と電子からできている。
2　質量数が等しく、原子番号の異なる原子を互いに同位体という。
3　陽子と電子の質量は、ほぼ同じである。
4　原子番号は、原子核中の陽子の数である。

問 36　次の有機化合物の生成反応に関する記述のうち、**誤っているもの**を1つ選びなさい。

1　フタル酸を融点近くまで加熱すると、脱水がおこり、イソフタル酸が生成する。
2　カーバイドに水を加えると、加水分解がおこり、アセチレンが生成する。
3　エチレンと水素の混合気体を、熱した触媒上に通すと、水素付加がおこり、エタンが生成する。
4　冷却した塩化ベンゼンジアゾニウムの水溶液にナトリウムフェノキシドの水溶液を加えると、カップリングがおこり、p-ヒドロキシアゾベンゼンが生成する。

問37 次の油脂とセッケンに関する記述のうち、**正しいもの**を1つ選びなさい。

1 油脂では、3価アルコールのグリセリンのヒドロキシ基が3つとも高級脂肪酸とエーテル結合している。
2 油脂に硫酸を加えて加熱すると、油脂はけん化されて、セッケンとグリセリンの混合物が得られる。
3 セッケンの水溶液は、塩基性である。
4 セッケンは、カルシウムイオンやマグネシウムイオンを多く含む硬水中では洗浄力が強くなる。

問38 窒素84gが、27℃、1.0×10^5 Pa のもとで占める体積は何Lか。当該気体を理想気体とする際、**正しいもの**を1つ選びなさい。

（原子量：N＝14、気体定数：8.3×10^3（Pa・L/（K・mol)))とする。）

1 13.5 L 2 24.9 L 3 32.2 L 4 52.8 L 5 74.7 L

問39 0.001mol/L の水酸化ナトリウム水溶液のpHとして**正しいもの**を1つ選びなさい。
ただし、水溶液は25℃、水酸化ナトリウムの電離度は1とする。

1 10 2 11 3 12 4 13 5 14

問40 次の2つの熱化学方程式から、一酸化炭素の生成熱として**正しいもの**を1つ選びなさい。

C（黒鉛)＋O_2＝CO_2＋394kJ
CO＋$\frac{1}{2}$$O_2$＝$CO_2$＋283kJ

1 -172kJ 2 111kJ 3 172kJ 4 505kJ 5 677kJ

奈良県

【令和４年度実施】

※特定品目はありません。

（一般・農業用品目共通）

問 21 ～ 31 次の記述について、（　　）の中に入れるべき字句のうち、**正しいもの**を１つ選びなさい。

問21 次のうち、1.7×10^{-4} g に（　　）μ g である。

1　1.7×10^{-7}　　2　1.7×10^{-6}　　3　1.7×10^{-1}　　4　1.7×10^{2}
5　1.7×10^{3}

問22 次のうち、分子式 C_6H_{14} をもつ物質の構造異性体の数は（　　）である。

1　2つ　　2　3つ　　3　4つ　　4　5つ　　5　6つ

問23 次のうち、Ag^+、Cd^{2+}、Ba^{2+}の３種類の金属イオンを含む混合溶液を下図の順に処理したとき、沈殿物 b の色は（　　）である。

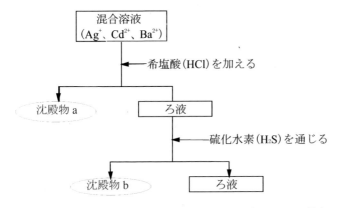

1　白色　　2　黒色　　3　褐色　　4　灰緑色　　5　黄色

問24 次のうち、亜鉛に希硫酸を加えると発生する気体は（　　）である。
1　一酸化炭素　　2　窒素　　3　メタン　　4　水素　　5　二酸化炭素

問25 次のうち、アルカンは（　　）である。
1　アセチレン　　2　ベンゼン　　3　ノナン　　4　1－ブテン
5　エチレン

問26 次のうち、NaH(水素化ナトリウム)中の H の酸化数は（　　）である。
1　－2　　2　－1　　3　0　　4　+1　　5　+2

問27 次のうち、塩酸や希硫酸とは反応しないが、酸化力のある濃硝酸には、二酸化窒素を発生して溶ける物質は（　　）である。
1　Cu　　2　Ni　　3　Zn　　4　Al　　5　K

問28　次のうち、第一イオン化エネルギーが最も大きい原子は（　　）である。

1　F　　　　2　H　　　　3　He　　　　4　Ar　　　　5　K

問29　次のうち、二価アルコールは（　）である。

1　エタノール　　　　　　2　2－プロパノール　　　　3　エチレングリコール
4　2－ブタノール　　　　5　グリセリン

問30　次のうち、極性分子は（　）である。

1　二酸化炭素　　　2　四塩化炭素　　　3　メタン　　　4　塩化水素　　　5　塩素

問31　次のうち、ナトリウム原子（$_{11}$Na）の最外殻電子の数は（　）である。

1　0個　　　　2　1個　　　　3　2個　　　　4　7個　　　　5　8個

問32　次の化学反応の速さと平衡に関する記述のうち、**正しいもの**を1つ選びなさい。

1　反応物の濃度は、化学反応の速さに影響をあたえない。
2　温度は、化学反応の速さに影響をあたえない。
3　反応物が、活性化状態に達し、活性錯体1 mol を形成するのに必要な最小の
　　エネルギーのことを活性化エネルギーという。
4　反応の前後において、自身が変化し、他の化学反応の速さを変化させる物質の
　　ことを触媒という。

問33　次の法則に関する記述のうち、**正しいもの**を1つ選びなさい。

1　電気分解では、変化する物質の物質量は通じた電気量に反比例する。これをファ
　　ラデーの法則という。
2　圧力が一定のとき、一定量の気体の体積は絶対温度に反比例する。これをシャ
　　ルルの法則という。
3　溶解度が小さい気体の場合、一定温度で一定量の溶媒に溶ける気体の物質量は、
　　その気体の圧力に比例する。これをヘンリーの法則という。
4　化学反応の前後において、物質の総質量は変化しない。これをアボガドロの法
　　則という。

問34　次のコロイドに関する記述のうち、**正しいもの**を1つ選びなさい。

1　疎水コロイドに少量の電解質を加えたとき、沈殿が生じる現象を塩析という。
2　コロイド溶液の側面から強い光を当てると、光が散乱され、光の通路が輝いて
　　見える現象をブラウン運動という。
3　コロイド溶液に直流電圧をかけると、陽極又は陰極にコロイド粒子が移動する
　　現象を電気泳動という。
4　熱運動によって溶媒分子がコロイド粒子に衝突するために、コロイド粒子が不
　　規則に動く現象をチンダル減少という。

問35　次の酸化還元反応に関する記述のうち、**正しいもの**を1つ選びなさい。

1　酸化と還元は、必ず同時に起こる。
2　物質が反応により酸素と化合したとき、その物質は還元されたという。
3　原子又はイオンが電子を受け取ったとき、その原子又はイオンは酸化されたと
　　いう。
4　物質が反応により水素を失ったとき、その物質は還元されたという。

問36 次のアニリンに関する記述のうち、**誤っているもの**を１つ選びなさい。

1 アミノ基を有する塩基であるが、塩基性は弱く、赤リトマス紙を青変させることができない。
2 ニトロベンゼンをスズと濃塩酸を作用させて酸化し、アニリン塩酸塩を得た後、続いて強塩基を加えることで得られる。
3 硫酸酸性の二クロム酸カリウム水溶液を加えて加熱し十分に酸化すると、黒色の物質(アニリンブラック)が得られた。
4 希塩酸に溶かして氷冷したもののに、亜硝酸ナトリウム水溶液を加えると、ジアゾ化が起こり、塩化ベンゼンジアゾニウムが得られる。

問37 鉛とその化合物に関する記述のうち、**正しいもの**を１つ選びなさい。

1 鉛は元素記号 Pb で表され、典型元素に分類される金属である。
2 鉛蓄電池の負極には、二酸化鉛が使用される。
3 酢酸鉛(Ⅱ)三水和物は黄色の結晶であり、少し甘味を持つので鉛糖ともよばれるが、極めて有毒である。
4 鉛(Ⅱ)イオンを含む水溶液に、塩酸や希硫酸を加えると、いずれも黒色の塩化鉛(Ⅱ)、硫酸鉛(Ⅱ)が沈殿する。

問38 水酸化カルシウム(Ca(OH)₂)222 × 10⁻³g を用いて、２ L の水溶液を作った。この水溶液の水酸化カルシウムのモル濃度として**最も近い値**を１つ選びなさい。

（水溶液は 20 ℃、原子量：H = 1、O = 16、Ca = 40 とする。）

1 $0.167 \times 10^{-3} 1mol/L$ 2 $0.667 \times 10^{-3} 1mol/L$ 3 $1.50 \times 10^{-3} 1mol/L$
4 $1.95 \times 10^{-3} 1mol/L$ 5 $6.00 \times 10^{-3} 1mol/L$

問39 2.10g の炭酸水素ナトリウムを加熱し、完全に熱分解したときに発生する二酸化炭素は標準状態で何 L か。**正しいもの**を１つ選びなさい。ただし、このとき起こる反応は次の化学反応式で表されるものとして、標準状態での気体１ mol の体積は、22.4L とする。(式量：NaHCO₃ = 84.0 とする。)

＜化学反応式＞

$2 NaHCO_3 \rightarrow Na_2CO_3 + H_2O + CO_2$

1 0.140L 2 0.280L 3 0.560L 4 1.12L 5 2.224L

問40 ある金属 M の酸化物 M₂O₃ には、質量パーセントで M が 70 ％含まれている。この金属 M の原子量として正しいものを１選びなさい

1 23 2 27 3 40 4 48 5 56

実 地 編

〔毒物及び劇物の性質及び貯蔵
その他取扱方法、識別〕

関西広域連合統一共通〔滋賀県、京都府、大阪府、和歌山県、兵庫県、徳島県〕

【令和2年度実施】

○ 「毒物及び劇物の廃棄の方法に関する基準」及び「毒物及び劇物の運搬事故時における応急措置に関する基準」は、それぞれ厚生省（現厚生労働省）から通知されたものをいう。

（一般）

問 36　次の物質のうち、毒物に該当するものを1～5から一つ選べ。

1　亜硝酸メチル　　　　　2　亜硝酸イソプロピル
3　亜硝酸エチル　　　　　4　亜硝酸イソブチル
5　亜硝酸イソペンチル

問 37　次の製剤のうち、劇物に該当するものの正しい組合せを1～5から一つ選べ。

a　過酸化ナトリウム10％を含む製剤
b　亜塩素酸ナトリウム10％を含む製剤
c　水酸化ナトリウム10％を含む製剤
d　アジ化ナトリウム10％を含む製剤

1（a、b）　2（a、c）　3（a、d）　4（b、d）　5（c、d）

問 38　弗化水素酸の貯蔵方法として、最も適切なものを1～5から一つ選べ。

1　少量ならば褐色ガラス瓶、多量ならばカーボイなどを使用し、3分の1の空間を保って貯蔵する。一般に安定剤として少量の酸類の添加は許容される。
2　少量ならば共栓ガラス瓶を用い、多量ならばブリキ缶を使用し、木箱に入れて貯蔵する。引火性物質を遠ざけて、通風のよい冷所におく。
3　銅、鉄、コンクリートまたは木製のタンクにゴム、鉛、ポリ塩化ビニルあるいはポリエチレンのライニングをほどこしたものに貯蔵する。
4　色ガラス瓶に入れて冷暗所に貯蔵する。
5　少量ならばガラス瓶、多量ならばブリキ缶又は鉄ドラム缶を用い、酸類とは離して風通しの良い乾燥した冷所に密栓して貯蔵する。

問 39　「毒物及び劇物の廃棄の方法に関する基準」に記載されている、クロルスルホン酸の廃棄方法として、最も適切なものを1～5から一つ選べ。

1　多量の水を加えて希薄な水溶液とした後、次亜塩素酸塩水溶液を加えて分解させ廃棄する。
2　多量のアルカリ水溶液（石灰乳又は水酸化ナトリウム水溶液等）中に吹き込んだ後、多量の水で希釈して処理をする。
3　可燃性溶剤と共にアフターバーナー及びスクラバーを具備した焼却炉の火室へ噴霧し焼却する。
4　耐食性の細い導管よりガス発生がないように少量ずつ、多量の水中深く流す装置を用い希釈してからアルカリ水溶液で中和して処理をする。
5　次亜塩素酸ナトリウム水溶液と水酸化ナトリウムの混合溶液を攪拌しながら、これに滴下し、酸化分解させた後、多量の水で希釈して処理をする。

問 40　ブロムメチルに関する記述の正誤について、正しい組合せを下表から一つ選べ。

  a　少量ならばガラス瓶に密栓し、大量ならば木樽に入れる。

  b　吸入した場合は、吐き気、嘔吐、頭痛、歩行困難、痙攣、視力障害、瞳孔拡大等の症状を起こすことがある。

  c　「毒物及び劇物の廃棄の方法に関する基準」に記載されている廃棄方法は、可燃性溶剤と共に、スクラバーを具備した焼却炉の火室へ噴霧し焼却する。

	a	b	c
1	正	誤	誤
2	誤	誤	正
3	誤	正	誤
4	正	正	誤
5	誤	正	正

問 41　クロルメチルの常温、常圧での性状及び用途（過去の代表的な用途を含む）について、正しい組合せを下表から一つ選べ。

	性状（常温、常圧）	用途
1	無色透明の液体	煙霧剤
2	無色の気体	煙霧剤
3	黄色の液体	煙霧剤
4	無色透明の液体	殺菌剤
5	無色の気体	殺菌剤

問 42　2・2'ージピリジリウムー1・1'ーエチレンジブロミド（別名ジクワット）の溶解性及び用途について、正しい組合せを下表から一つ選べ。

	溶解性	用途
1	水に不溶	土壌燻蒸剤
2	水に可溶	土壌燻蒸剤
3	水に不溶	除草剤
4	水に可溶	除草剤
5	水に不溶	殺菌剤

問 43　ニコチンの性状及び毒性に関する記述について、（　　）の中に入れるべき字句の正しい組合せを下表から一つ選べ。

  ニコチン（純品）は常温で無色の（　a　）であり、空気に触れると（　b　）になる。また神経毒を（　c　）。

	a	b	c
1	固体	褐色	有する
2	油状液体	白色	有していない
3	油状液体	褐色	有する
4	固体	白色	有していない
5	油状液体	褐色	有していない

問 44 次の劇物と皮膚に触れた場合の毒性に関する記述の正誤について、正しい組合せを下表から一つ選べ。

	劇　物		毒性
a	カリウムナトリウム合金	−	皮膚に触れるとやけど(熱傷と薬傷)を起こすことがある。
b	塩素	−	皮膚が直接液に触れるとしもやけ(凍傷)を起こすことがあるが、ガスによって皮膚が侵されることはない。
c	アニリン	−	皮膚に触れると、チアノーゼ、頭痛、めまい、吐き気などを起こすことがある。

	a	b	c
1	正	正	誤
2	誤	正	正
3	正	正	正
4	正	誤	正
5	誤	誤	誤

問 45 次の物質の飛散又は漏えい時の措置について、「毒物及び劇物の運搬事故時における応急措置に関する基準」に適合するものとして、最も適切な組合せを下表から一つ選べ。
　　なお、作業にあたっては、風下の人を避難させる、飛散漏えいした場所の周辺にはロープを張るなどして人の立入りを禁止する、作業の際には必ず保護具を着用する、風下で作業をしない、廃液が河川等に排出されないように注意する、付近の着火源となるものは速やかに取り除く、などの基本的な対応を行っているものとする。

　　(物質名)アクロレイン、四弗化硫黄、砒素

a 多量の場合、漏えいした液は土砂等でその流れを止め、安全な場所に穴を掘るなどしてこれをためる。これに亜硫酸水素ナトリウム水溶液(約 10 %)を加え、時々撹拌して反応させた後、多量の水を用いて十分に希釈して洗い流す。この際蒸発した本物質が大気中に拡散しないよう霧状の水をかけて吸収させる。
b 漏えいしたボンベ等を多量の水酸化カルシウム(消石灰)水溶液中に容器ごと投入してガスを吸収させ、処理し、その処理液を多量の水で希釈して流す。
c 飛散したものは空容器にできるだけ回収し、そのあとを硫酸鉄(Ⅲ)(硫酸第二鉄)等の水溶液を散布し、水酸化カルシウム(消石灰)、炭酸ナトリウム(ソーダ灰)等の水溶液を用いて処理した後、多量の水を用いて洗い流す。

	a	b	c
1	アクロレイン	砒素	四弗化硫黄
2	砒素	アクロレイン	四弗化硫黄
3	四弗化硫黄	砒素	アクロレイン
4	四弗化硫黄	アクロレイン	砒素
5	アクロレイン	四弗化硫黄	砒素

問 46 無水クロム酸の性状に関する記述について、正しいものを 1〜5 から一つ選べ。

1 風解性がある。　　　　　　2 水に不溶である。
3 還元力を有する。　　　　　4 暗赤色結晶である。
5 水溶液は強アルカリ性である。

問 47　沃化水素酸の識別方法に関する記述について、最も適切なものを1～5から一つ選べ。

　1　木炭とともに熱すると、メルカプタンの臭気を放つ。
　2　水溶液に硝酸銀溶液を加えると、淡黄色の沈殿を生じる。
　3　水溶液に金属カルシウムを加え、これにベタナフチルアミン及び硫酸を加えると、赤色の沈殿を生じる。
　4　水溶液に酒石酸を多量に加えると、白色結晶を生じる。
　5　アルコール溶液に水酸化カリウム溶液と少量のアニリンを加えて熱すると、不快な刺激臭を放つ。

問 48　ベタナフトール(別名2－ナフトール、β－ナフトール)の識別方法に関する記述について、最も適切なものを1～5から一つ選べ。

　1　水溶液にアンモニア水を加えると、紫色の蛍石彩を放つ。
　2　水溶液は、過マンガン酸カリウム溶液の赤紫色を消す。
　3　水溶液に硝酸バリウムを加えると、白色沈殿を生ずる。
　4　水溶液にさらし粉を加えると、紫色を呈する。
　5　希釈水溶液に塩化バリウムを加えると、白色の沈殿を生ずるが、この沈殿は塩酸や硝酸に溶けない。

問 49　ホルムアルデヒド水溶液(ホルマリン)の識別方法に関する記述について、最も適切なものを1～5から一つ選べ。

　1　フェーリング溶液とともに熱すると、赤色の沈殿を生成する。
　2　白金線に試料をつけて溶融炎で熱すると、炎の色が青紫色になる。
　3　アルコール性の水酸化カリウムと銅粉とともに煮沸すると、黄赤色の沈殿を生成する。
　4　水溶液に過クロール鉄液(塩化鉄(Ⅲ)水溶液)を加えると紫色を呈する。
　5　希硝酸に溶かすと無色の液となり、これに硫化水素を通すと、黒色の沈殿を生成する。

問 50　潮解性を示す物質の正しい組合せを1～5から一つ選べ。

　a　硝酸銀　　　　　　b　クロロホルム　　　　c　亜硝酸カリウム
　d　水酸化ナトリウム

　1(a、b)　2(a、c)　3(b、c)　4(b、d)　5(c、d)

(農業用品目)

問 36　次の物質を含有する製剤の記述について、正しいものの組合せを1～5から一つ選べ。なお、市販品の有無は問わない。

　a　ナラシンとして10％を超えて含有する製剤は、毒物に該当する。
　b　アバメクチン1.8％を含有する製剤は劇物に該当しない。
　c　S－メチル－N－[(メチルカルバモイル)-オキシ]-チオアセトイミデート(別名メトミル)45％を含有する製剤は、毒物に該当しない。
　d　エマメクチンとして2％を含有する製剤は、劇物に該当する。

　1(a、b)　　2(a、c)　　3(b、c)　　4(b、d)　　5(c、d)

問 37　次の物質を含有する製剤の記述について、正しいものを１～５から一つ選べ。なお、市販品の有無は問わない。

1　メチル＝N－［２－［１－（４－クロロフエニル）－１H－ピラゾール－３－イルオキシメチル］フエニル］(N－メトキシ)カルバマート(別名ピラクロストロビン)20％を含有する製剤は、劇物に該当しない。

2　２－ジフエニルアセチル－１・３－インダンジオン(別名ダイファシノン)を0.005％を超えて含有する製剤は、毒物に該当する。

3　１－（６－クロロ－３－ピリジルメチル）－N－ニトロイミダゾリジン－２－イリデンアミン(別名イミダクロプリド)２％を含有する製剤(マイクロカプセル製剤は除く)は、劇物に該当する。

4　S・S－ビス(１－メチルプロピル)＝O－エチル＝ホスホロジチオアート(別名カズサホス)を10％を超えて含有する製剤は、劇物に該当する。

5　１・３－ジカルバモイルチオ－２－（N・N－ジメチルアミノ）－プロパン(別名カルタップ)として２％を含有する製剤は、劇物に該当する

問 38　次の物質の貯蔵方法の記述について、最も適切なものの組合せを１～５から一つ選べ。

a　エチルパラニトロフエニルチオノベンゼンホスホネイト(別名 EPN)は、常温では気体なので、圧縮冷却して液化し、圧縮容器に入れ、直射日光、その他、温度上昇の原因を避けて、冷暗所に貯蔵する。

b　燐化アルミニウムとその分解促進剤とを含有する製剤は、空気中の湿気に触れると徐々に分解し有毒ガスを発生するので、密閉容器に貯蔵する。

c　アンモニア水は、アンモニアが揮発しやすいので密栓して貯蔵する。

d　ブロムメチルは、少量ならばガラス瓶、多量であればブリキ缶または鉄ドラム缶を用い、酸類とは離して、空気の流通のよい乾燥した冷所に密封して貯蔵する。

1 (a、b)　　2 (a、c)　　3 (b、c)　　4 (b、d)　　5 (c、d)

問 39　次の物質の廃棄方法の記述について、「毒物及び劇物の廃棄の方法に関する基準」に記載されている方法の組合せを１～５から一つ選べ。

a　硫酸は、多量の水の中に加え、希釈して活性汚泥で処理する。

b　燐化亜鉛は、多量の次亜塩素酸ナトリウムと水酸化ナトリウムの混合水溶液を撹拌しながら少量ずつ加えて酸化分解する。過剰の次亜塩素酸ナトリウムをチオ硫酸ナトリウム水溶液等で分解した後、希硫酸を加えて中和し、沈殿ろ過して埋立処分する。

c　S-メチル-N-[(メチルカルバモイル)-オキシ]-チオアセトイミデート(別名メトミル)は、希塩酸水溶液と加温して加水分解する。

d　硫酸第二銅は、水に溶かし、消石灰(水酸化カルシウム)、ソーダ灰(炭酸ナトリウム)等の水溶液を加えて処理し、沈殿ろ過して埋立処分する。

1 (a、b)　　2 (a、c)　　3 (b、c)　　4 (b、d)　　5 (c、d)

問 40　次の物質の廃棄方法の記述について、「毒物及び劇物の廃棄の方法に関する基準」に記載されている方法の組合せを1～5から一つ選べ。

a　塩素酸カリウムは、水酸化ナトリウム水溶液を加えてアルカリ性(pH11 以上)とし、酸化剤(次亜塩素酸ナトリウム、さらし粉等)の水溶液を加えて酸化分解する。分解後は硫酸で中和させた後、多量の水で希釈して処理する。

b　ジメチル－２・２－ジクロルビニルホスフエイト(別名 DDVP)は、水を加えて希薄な水溶液とし、酸(希塩酸、希硫酸など)で中和させた後、多量の水で希釈して処理する。

c　クロルピクリンは、少量の界面活性剤を加えた亜硫酸ナトリウムと炭酸ナトリウムの混合溶液中で、撹拌し分解させた後、多量の水で希釈して処理する。

d　２－イソプロピル－４－メチルピリミジル－６－ジエチルチオホスフエイト(別名ダイアジノン)は、可燃性溶剤とともにアフターバーナー及びスクラバーを具備した焼却炉の火室へ噴霧し、焼却する。

1(a、b)　　2(a、c)　　3(a、d)　　4(b、c)　　5(c、d)

問 41　ジエチル－(５－フエニル－３－イソキサゾリル)－チオホスフエイト(別名イソキサチオン)に関する記述について、正しいものの組合せを1～5から一つ選べ。

a　淡黄褐色の液体である。
b　水に溶けやすく、有機溶剤にもよく溶ける。
c　みかん、稲、野菜、茶などの害虫の駆除に用いる。
d　中毒時の解毒剤は、チオ硫酸ナトリウムである。

1(a、b)　　2(a、c)　　3(a、d)　　4(b、c)　　5(b、d)

問 42　クロルピクリンに関する記述の正誤について、正しい組合せを下表から一つ選べ。

a　土壌病原菌、センチュウ等の駆除のため、土壌燻蒸剤として使用する。
b　吸入した場合、気管支を刺激してせきや鼻汁が出る。多量に吸入すると、胃腸炎、肺炎、尿に血が混じる、悪心、呼吸困難、肺水腫を起こす。
c　無臭の褐色液体である。

	a	b	c
1	正	誤	誤
2	誤	誤	正
3	誤	正	誤
4	正	正	誤
5	誤	正	正

問 43　S－メチル－N－[(メチルカルバモイル)－オキシ]－チオアセトイミデート(別名メトミル)に関する記述について、( )の中に入れるべき字句の正しい組合せを下表から一つ選べ。

(a)色の結晶固体で、水に可溶である。(b)に用いられ、カーバメート系化合物であるため、中毒時の解毒剤は(c)の製剤である。

	a	b	c
1	赤	除草剤	硫酸アトロピン
2	白	殺虫剤	PAM ※
3	白	殺虫剤	硫酸アトロピン
4	白	除草剤	PAM ※
5	赤	除草剤	PAM ※

※２－ピリジルアルドキシムメチオダイドの別名

問 44　飛散又は漏えい時の措置について、「毒物及び劇物の運搬事故時における応急措置に関する基準」に適合するものとして、最も当てはまる物質を1～5から一つ選べ。なお、作業にあたっては、風下の人を避難させる、飛散漏えいした場所の周辺にはロープを張るなどして人の立入りを禁止する、作業の際には必ず保護具を着用する、風下で作業をしない、廃液が河川等に排出されないように注意する、付近の着火源となるものは速やかに取り除く、などの基本的な対応を行っているものとする。

　　　飛散したものは空容器にできるだけ回収する。砂利などに付着している場合は、砂利などを回収し、そのあとに水酸化ナトリウム、ソーダ灰(炭酸ナトリウム)等の水溶液を散布してアルカリ性(pH11 以上)とし、さらに酸化剤(次亜塩素酸ナトリウム、さらし粉等)の水溶液で酸化処理を行い、多量の水を用いて洗い流す。

1　アンモニア水
2　エチルパラニトロフエニルチオノベンゼンホスホネイト(別名 EPN)
3　燐化亜鉛
4　シアン化ナトリウム
5　ブロムメチル

問 45　2－クロルエチルトリメチルアンモニウムクロリド(別名クロルメコート)の用途に関する記述として、最も当てはまるものを1～5から一つ選べ。

1　水稲のイネミズゾウムシ等の殺虫に用いる。
2　野菜のネコブセンチュウ等の防除に用いる。
3　有機燐系殺菌剤として用いる。
4　飼料に栄養成分の補給を目的として添加する。
5　植物成長調整剤として用いる。

問 46 ～問 50　次の物質について、正しい組合せを1～5から一つ選べ。

問 46　S・S －ビス(1－メチルプロピル)=O －エチル=ホスホロジチオアート
　　　(別名カズサホス)

	性状	溶解性	その他特徴
1	淡黄色固体	水に難溶	ニンニク臭
2	褐色固体	水に易溶	ニンニク臭
3	白色固体	水に易溶	硫黄臭
4	淡黄色液体	水に難溶	硫黄臭
5	黒色液体	水に難溶	アルコール臭

問 47　1・1'－ジメチル－4・4'－ジピリジニウムジクロリド(別名パラコート)

	性状	溶解性	その他特徴
1	アルカリ性では安定	水に可溶	土壌に強く吸着されて活性化する
2	アルカリ性では不安定	水に可溶	土壌に強く吸着されて不活性化する
3	アルカリ性では安定	水に不溶	土壌に強く吸着されて不活性化する
4	アルカリ性では安定	水に不溶	土壌に強く吸着されて活性化する
5	アルカリ性では不安定	水に不溶	土壌に強く吸着されて活性化する

問48 塩素酸ナトリウム

	性状	溶解性	その他特徴
1	白(無)色結晶	水に可溶	潮解性
2	白(無)色結晶	水に不溶	風解性
3	褐色結晶	水に不溶	潮解性
4	褐色結晶	水に可溶	風解性
5	黒色結晶	水に不溶	風解性

問49 2・3・5・6－テトラフルオロ－4－メチルベンジル＝(Z)－(1RS・3RS)－3-(2－クロロ－3・3・3－トリフルオロ－1－プロペニル)－2・2－ジメチルシクロプロパンカルボキシラート(別名テフルトリン)

	性状	溶解性	その他特徴
1	固体	水に難溶	眼刺激性
2	液体	水に難溶	金属腐食性
3	液体	水に易溶	眼刺激性
4	固体	水に易溶	金属腐食性
5	固体	水に易溶	眼刺激性

問50 ジメチル－4－メチルメルカプト－3－メチルフエニルチオホスフエイト(別名フェンチオン、MPP)

	性状	溶解性	その他特徴
1	液体	水に易溶	弱いアルコール臭
2	液体	水に易溶	強いエーテル臭
3	固体	水に易溶	強いホルマリン臭
4	固体	水に不溶(難溶)	無臭
5	液体	水に不溶(難溶)	弱いニンニク臭

(特定品目)
問36 次の物質について、劇物に該当しないものを1～5から一つ選べ。
1 重クロム酸塩類及びこれを含有する製剤
2 水酸化カルシウム及びこれを含有する製剤
3 クロム酸塩類及びこれを含有する製剤。ただし、クロム酸鉛70％以下を含有するものを除く
4 硫酸及びこれを含有する製剤。ただし、硫酸10％以下を含有するものを除く
5 酸化水銀5％以下を含有する製剤

問 37　次の物質の「毒物及び劇物の廃棄の方法に関する基準」に記載されている廃棄方法について、誤っているものを1～5から一つ選べ。

1	硝酸	徐々にソーダ灰（炭酸ナトリウム）または消石灰（水酸化カルシウム）の撹拌溶液に加えて中和させたのち、多量の水で希釈して処理する。消石灰（水酸化カルシウム）の場合は上澄液のみを流す。
2	過酸化水素	希薄な水溶液にしたのち、次亜塩素酸塩水溶液を加えて分解する。
3	四塩化炭素	過剰の可燃性溶剤又は重油等の燃料と共にアフターバーナー及びスクラバーを具備した焼却炉の火室へ噴霧してできるだけ高温で焼却する。
4	塩素	多量のアルカリ水溶液（石灰乳又は水酸化ナトリウム水溶液等）中に吹き込んだ後、多量の水で希釈して処理する。
5	トルエン	ケイソウ土等に吸収させて開放型の焼却炉で少量ずつ焼却する。

問 38　メタノールに関する記述について、誤っているものを1～5から一つ選べ。
1　水とは任意の割合で混和する。
2　あらかじめ熱灼した酸化銅を加えると、酸化銅は還元されて金属銅色を呈する。
3　粘性のある、不揮発性の液体である。
4　高濃度の蒸気に長時間暴露された場合、失明することがある。
5　「毒物及び劇物の廃棄の方法に関する基準」に記載されている方法で、廃棄する場合は燃焼法による。

問 39　硝酸に関する記述について、誤っているものを1～5から一つ選べ。
1　空気に接すると白霧を発し、水を吸収する性質が強い。
2　ニトログリセリン等の爆薬の製造に用いられる。
3　金、白金その他白金族の金属を除く諸金属を溶解する。
4　極めて純粋な硝酸は、無色透明の結晶である。
5　強い硝酸が皮膚に触れると、気体を生成して、組織ははじめ白く、次第に深黄色となる。

問 40　次の物質の貯蔵方法や取扱上の注意事項に関する記述について、正しい組合せを下表から一つ選べ。

（物質名）塩化水素、過酸化水素水、硅弗化ナトリウム、水酸化カリウム

a　吸湿すると大部分の金属やコンクリートを腐食する。
b　少量ならば褐色ガラス瓶、大量ならばカーボイなどを使用し、3分の1の空間を保って貯蔵する。一般に安定剤として少量の酸類の添加は許容されている。
c　二酸化炭素と水を強く吸収するため、密栓をして貯蔵する。
d　火災等で強熱されると有毒なガスを発生する。

	塩化水素	過酸化水素水	硅弗化ナトリウム	水酸化カリウム
1	c	a	b	d
2	d	c	a	b
3	c	b	d	a
4	b	d	c	a
5	a	b	d	c

問 41 アンモニアの性状等について、正しいものを1～5から一つ選べ。

1 常温で窒息性臭気をもつ黄緑色の気体である。
2 特有の刺激臭のある無色の気体で、酸素中では黄色の炎をあげて燃える。
3 無色揮発性で麻酔性の特有の香気とかすかな甘味を有する液体である。
4 刺激臭のある揮発性赤褐色の液体である。
5 無色の刺激臭のある液体である。

問 42 二酸化鉛に関する記述の正誤について、正しい組合せを下表から一つ選べ。

a アルコールに溶ける。
b 電池の製造に使われる。
c 茶褐色の粉末で、水に不溶である。

	a	b	c
1	正	正	誤
2	誤	誤	正
3	正	誤	誤
4	誤	正	正
5	誤	正	誤

問 43 重クロム酸カリウムの用途(過去の代表的な用途を含む)として、正しいものを1～5から一つ選べ。

1 洗濯剤、溶剤、洗浄剤に用いられる。
2 農薬、釉薬、防腐剤に用いられる。
3 工業用の酸化剤や媒染剤、顔料原料、製革や電気めっきに用いられる。
4 漂白剤、殺菌剤に用いられる。
5 フィルムの硬化、人造樹脂の製造に用いられる。

問 44 次の物質の飛散又は漏えい時の措置について、「毒物及び劇物の運搬事故時における応急措置に関する基準」に適合するものとして、最も適切な組合せを下表から一つ選べ。
　　なお、作業にあたっては、風下の人を避難させる、飛散漏えいした場所の周辺にはロープを張るなどして人の立入りを禁止する、作業の際には必ず保護具を着用する、風下で作業をしない、廃液が河川等に排出されないように注意する、付近の着火源となるものは速やかに取り除く、などの基本的な対応を行っているものとする。

(物質名)塩素、重クロム酸塩類、水酸化ナトリウム、トルエン

a 少量の場合、漏えい箇所や漏えいした液には、消石灰(水酸化カルシウム)を十分に散布して吸収させる。
b 少量の場合、漏えいした液は多量の水を用いて十分に希釈して洗い流す。
c 飛散したものは空容器にできるだけ回収し、そのあとを還元剤(硫酸第一鉄等)の水溶液を散布し、消石灰(水酸化カルシウム)、ソーダ灰(炭酸ナトリウム)等の水溶液で処理したのち、多量の水で洗い流す。
d 多量の場合、漏えいした液は、土砂などでその流れを止め、安全な場所に導き、液の表面を泡で覆いできるだけ空容器に回収する。

	a	b	c	d
1	トルエン	塩素	重クロム酸塩類	水酸化ナトリウム
2	重クロム酸塩類	水酸化ナトリウム	塩素	トルエン
3	水酸化ナトリウム	トルエン	塩素	重クロム酸塩類
4	塩素	水酸化ナトリウム	重クロム酸塩類	トルエン
5	塩素	重クロム酸塩類	トルエン	水酸化ナトリウム

問 45　酢酸エチルの用途と毒性について、正しい組合せを下表から一つ選べ。

	用途	毒性
1	香料、有機合成原料	皮膚に触れた場合、皮膚が激しく腐食される。
2	香料、酸化剤	皮膚に触れた場合、皮膚が激しく腐食される。
3	燃料、有機合成原料	皮膚に触れた場合、皮膚が激しく腐食される。
4	燃料、酸化剤	吸入した場合、短時間の興奮期を経て、麻酔状態に陥ることがある。
5	香料、有機合成原料	吸入した場合、短時間の興奮期を経て、麻酔状態に陥ることがある。

問 46　次の記述について、（　）の中に入れるべき物質名の正しい組合せを下表から一つ選べ。

（ a ）は、注意して加熱すると昇華し、急速に加熱すると分解する。
（ b ）は引火しやすいので、静電気に対する対策も十分に考慮する。
高濃度の（ c ）は、有機物と接触すると発火することがある。
（ d ）は、酸素中で燃焼すると主に窒素と水が生成する。

	a	b	c	d
1	蓚酸	トルエン	アンモニア	硝酸
2	トルエン	アンモニア	硝酸	蓚酸
3	硝酸	アンモニア	塩酸	トルエン
4	蓚酸	トルエン	硝酸	アンモニア
5	トルエン	アンモニア	塩酸	蓚酸

問 47　次の記述について、正しいものの組合せを 1 ～ 5 から一つ選べ。
　a　硅弗化ナトリウムの性状は、白色の結晶である。
　b　水酸化カリウムは、アンモニア水に易溶である。
　c　蓚酸二水和物は、無色の結晶である。
　d　一酸化鉛は、酸及びアルカリに不溶である。
　1（a、b）　2（a、c）　3（b、c）　4（b、d）　5（c、d）

問 48　次の記述について、正しいものの組合せを 1 ～ 5 から一つ選べ。
　a　塩化水素は、常温、常圧において無色の刺激臭を有する気体。湿った空気中で激しく発煙する。
　b　アンモニアは、特有の刺激臭のある気体であるが、圧縮すると常温でも液化する。
　c　塩素は、常温において窒息性臭気を有する無色の気体である。
　d　ホルマリンは、無色透明で無臭の液体である。
　1（a、b）　2（a、d）　3（b、c）　4（b、d）　5（c、d）

問49 次の記述について、正しいものの組合せを1～5から一つ選べ。

 a メチルエチルケトンは、無色の液体で、蒸気は空気より重く引火しやすい。
 b 純粋なクロロホルムは、空気中で日光により分解するが、少量のアルコールを添加すると分解を防ぐことができる。
 c ホルマリンは、混濁を防ぐため低温で貯蔵する。
 d メタノールにサリチル酸と濃硫酸を加えて熱すると、分解して酢酸と二酸化炭素を生成する。

 1（a、b） 2（a、c） 3（b、c） 4（b、d） 5（c、d）

問50 次の記述について、（ ）の中に入れるべき物質名の最も適切な組合せを下表から一つ選べ。

（ a ）は、酸と接触すると有毒ガスを発生する。
（ b ）は、不燃性で、その蒸気は空気よりも重く消火力がある。
（ c ）は、空気中に放置すると、潮解する。炎色反応は、黄色を呈する。
（ d ）の水溶液は、過マンガン酸カリウム溶液の赤紫色を退色させる。

	a	b	c	d
1	四塩化炭素	硅弗化ナトリウム	水酸化ナトリウム	蓚酸
2	硅弗化ナトリウム	酸化第二水銀	蓚酸	四塩化炭素
3	水酸化ナトリウム	蓚酸	硅弗化ナトリウム	四塩化炭素
4	蓚酸	酸化第二水銀	硅弗化ナトリウム	水酸化ナトリウム
5	硅弗化ナトリウム	四塩化炭素	水酸化ナトリウム	蓚酸

関西広域連合統一共通〔滋賀県、京都府、大阪府、和歌山県、兵庫県、徳島県〕

○「毒物及び劇物の廃棄の方法に関する基準」及び「毒物及び劇物の運搬事故時における応急措置に関する基準」は、それぞれ厚生省(現厚生労働省)から通知されたものをいう。

【令和3年度実施】
(一般)

問36　次の物質のうち、劇物に該当しないものを1～5から一つ選べ。

1　モノクロル酢酸
2　塩化第一水銀（別名　塩化水銀（Ⅰ））
3　ホスゲン（別名　カルボニルクロライド）
4　クロルエチル
5　酢酸タリウム

問37　次の物質のうち、毒物に該当しないものを1～5から一つ選べ。

1　ジニトロフエノール
2　ニツケルカルボニル
3　四アルキル鉛
4　シアン酸ナトリウム
5　モノフルオール酢

問38　「毒物及び劇物の運搬事故時における応急措置に関する基準」に基づく、次の物質の飛散又は漏えい時の措置として、該当する物質名との最も適切な組合せを下表から一つ選べ。
　　　なお、作業にあたっては、風下の人を避難させる、飛散又は漏えいした場所の周辺にはロープを張るなどして人の立入りを禁止する、作業の際には必ず保護具を着用する、風下で作業しない、廃液が河川等に排出されないように注意する、付近の着火源となるものは速やかに取り除く、などの基本的な対応を行っているものとする。

(物質名) 亜砒酸（別名　三酸化二砒素）、クロルスルホン酸、臭素

a　多量の場合、漏えい箇所や漏えいした液には水酸化カルシウム（消石灰）を十分に散布し、むしろ、シート等をかぶせ、その上に更に水酸化カルシウム（消石灰）を散布して吸収させる。漏えい容器には散水しない。
b　飛散したものは空容器にできるだけ回収し、そのあとを硫酸鉄（Ⅲ）（硫酸第二鉄）等の水溶液を散布し、水酸化カルシウム（消石灰）、炭酸ナトリウム（ソーダ灰）等の水溶液を用いて処理した後、多量の水を用いて洗い流す。
c　多量の場合、漏えいした液は土砂等でその流れを止め、霧状の水を徐々にかけ、十分に分解希釈した後、炭酸ナトリウム（ソーダ灰）、水酸化カルシウム（消石灰）等で中和し、多量の水を用いて洗い流す。

	a	b	c
1	亜砒酸	臭素	クロルスルホン酸
2	クロルスルホン酸	臭素	亜砒酸
3	クロルスルホン酸	亜砒酸	臭素
4	臭素	クロルスルホン酸	亜砒酸
5	臭素	亜砒酸	クロルスルホン酸

問 39 「毒物及び劇物の廃棄の方法に関する基準」に基づき、次の物質とその廃棄方法に関する記述の正誤について、正しい組合せを下表から一つ選べ。

物質名　　　　　　　　　　　廃棄方法
a　クレゾール　　　　　　　－　そのまま再生利用するため蒸留する。

b　ホスゲン　　　　　　　　－　多量の水酸化ナトリウム水溶液（10 ％程度）に
（別名　カルボニルクロライド）　撹拌しながら少量ずつガスを吹き込み分解した
　　　　　　　　　　　　　　　後、希硫酸を加えて中和する。
c　水銀　　　　　　　　　　－　おが屑（木粉）等の可
　　　　　　　　　　　　　　　燃物に混ぜて、スクラ
　　　　　　　　　　　　　　　バーを備えた焼却炉で
　　　　　　　　　　　　　　　焼却する。
d　ホルムアルデヒド　　　　－　多量の水を加えて希薄
　　　　　　　　　　　　　　　な水溶液とした後、次
　　　　　　　　　　　　　　　亜塩素酸塩水溶液を加
　　　　　　　　　　　　　　　えて分解させ廃棄する。

	a	b	c	d
1	正	誤	正	誤
2	正	誤	誤	正
3	誤	正	正	誤
4	誤	正	誤	正
5	誤	誤	誤	正

問 40 「毒物及び劇物の廃棄の方法に関する基準」に基づき、次の物質の廃棄方法の正誤について、正しい組合せを下表から一つ選べ。

a　アクロレインは、中和法により廃棄する。
b　一酸化鉛は、固化隔離法により廃棄する。
c　エチレンオキシドは、活性汚泥法により廃棄する。
d　二硫化炭素は、還元法により廃棄する。

	a	b	c	d
1	正	誤	正	正
2	正	誤	正	誤
3	誤	正	正	誤
4	誤	正	誤	正
5	正	正	誤	正

問 41 次の劇物とその用途の正誤について、正しい組合せを下表から一つ選べ。

劇物　　　　　　　　　用途
a　過酸化水素水　　　－　獣毛、羽毛などの漂白剤
b　クロロプレン　　　－　合成ゴム原料
c　ニトロベンゼン　　－　ニトログリセリンの原料

	a	b	c
1	誤	正	正
2	誤	正	誤
3	誤	誤	正
4	正	正	誤
5	正	誤	正

問 42 アジ化ナトリウムの水への溶解性及び用途について、最も適切な組合せを下表から一つ選べ。

	溶解性	用途
1	水に不溶	試薬、医療検体の防腐剤
2	水に可溶	試薬、医療検体の防腐剤
3	水に不溶	除草剤、抜染剤、酸化剤
4	水に可溶	除草剤、抜染剤、酸化剤
5	水に不溶	消毒、殺菌、木材の防腐剤、合成樹脂可塑剤

問 43　次の物質とその毒性に関する記述の正誤について、正しい組合せを下表から一つ選べ。

	物質		毒性
a	フェノール	―	皮膚に付くと火傷を起こし、白くなる。経口摂取すると、口腔、咽喉、胃に高度の灼熱感を訴え、悪心、嘔吐、めまいを起こし、失神、虚脱、呼吸麻痺で倒れる。尿は特有の暗赤色を呈する。
b	トルエン	―	吸入した場合、短時間の興奮期を経て、深い麻酔状態に陥ることがある。
c	燐化亜鉛	―	嚥下吸入したときに、胃および肺で胃酸や水と反応して発生する生成物により中毒を起こす。

	a	b	c
1	正	正	正
2	正	誤	正
3	正	誤	誤
4	誤	正	誤
5	誤	誤	誤

問 44　次の物質と、その中毒の対処に適切な解毒剤又は治療剤の正誤について、正しい組合せを下表から一つ選べ。

	物質		解毒剤又は治療剤
a	砒素化合物	―	ジメルカプロール（別名 BAL）
b	カーバメート系殺虫剤	―	2－ピリジルアルドキシムメチオダイド（別名 PAM）
c	有機燐化合物	―	硫酸アトロピン

	a	b	c
1	正	正	正
2	正	正	誤
3	正	誤	正
4	誤	正	誤
5	誤	誤	正

問 45　次の物質の貯蔵方法等に関する記述について、該当する物質名との最も適切な組合せを下表から一つ選べ。

（物質名）　アクリルニトリル、塩素酸ナトリウム、シアン化カリウム

a　潮解性、爆発性があるので、可燃性物質とは離し、また金属容器は避けて、乾燥している冷暗所に密栓して貯蔵する。

b　きわめて引火しやすいため、炎や火花を生じるような器具から十分離しておく。硫酸や硝酸などの強酸と激しく反応するので、強酸と安全な距離を保つ必要がある。できるだけ直接空気に触れることを避け、窒素のような不活性ガスの雰囲気の中に貯蔵するのがよい。

c　少量ならばガラス瓶、多量ならばブリキ缶あるいは鉄ドラム缶を用い、酸類とは離して風通しのよい乾燥した冷所に密封して貯蔵する。

	a	b	c
1	シアン化カリウム	アクリルニトリル	塩素酸ナトリウム
2	アクリルニトリル	シアン化カリウム	塩素酸ナトリウム
3	アクリルニトリル	塩素酸ナトリウム	シアン化カリウム
4	塩素酸ナトリウム	シアン化カリウム	アクリルニトリル
5	塩素酸ナトリウム	アクリルニトリル	シアン化カリウム

問 46　次の物質とその取扱上の注意等に関する記述の正誤について、正しい組合せを下表から一つ選べ。

	物質	取扱上の注意
a	無水クロム酸	－ 空気中では徐々に二酸化炭素と反応して、有毒なガスを生成する。
b	過酸化ナトリウム	－ 有機物、硫黄などに触れて水分を吸うと、自然発火する。
c	クロロホルム	－ 火災などで強熱されるとホスゲン（別名 カルボニルクロライド）を生成するおそれがある。

	a	b	c
1	正	正	誤
2	正	誤	正
3	正	誤	誤
4	誤	正	正
5	誤	誤	正

問 47　次の物質とその性状に関する記述の正誤について、正しい組合せを下表から一つ選べ。

	物質	性状
a	キノリン	－ 無色又は淡黄色の不快臭の吸湿性の液体であり、蒸気は空気より重い。熱水、エタノール、エーテル、二硫化炭素に可溶である。
b	フェノール	－ 無色あるいは白色の結晶であり、空気中で容易に赤変する。水溶液に1／4量のアンモニア水と数滴のさらし粉溶液を加えて温めると、藍色を呈する。
c	ぎ酸	－ 無色透明の結晶であり、光によって黒変する。強力な酸化剤であり、腐食性がある。水に極めて溶けやすく、アセトン、グリセリンに可溶である。

	a	b	c
1	正	正	誤
2	正	誤	正
3	誤	正	正
4	誤	正	誤
5	誤	誤	正

問 48　次の物質とその性状に関する記述の正誤について、正しい組合せを下表から一つ選べ。

	物質	性状
a	ジボラン	－ 無色の可燃性の気体で、ビタミン臭を有する。水により速やかに加水分解する。
b	セレン	－ 橙赤色の柱状結晶である。水に可溶、アルコールに不溶であり、強力な酸化剤である。
c	弗化水素酸	－ 無色、無臭の可燃性の液体で、水に溶けにくく、アルコール、クロロホルム等に易溶である。

	a	b	c
1	正	正	誤
2	正	誤	誤
3	誤	正	正
4	誤	正	誤
5	誤	誤	正

問 49　次の物質とその性状に関する記述の正誤について、正しい組合せを下表から一つ選べ。

	物質		性状
a	黄燐	－	白色又は淡黄色のロウ様の固体で、ニンニク臭を有する。水にはほとんど溶けない。
b	メチルアミン	－	腐ったキャベツのような悪臭のある気体で、水に可溶である。
c	メチルメルカプタン	－	無色で魚臭(高濃度はアンモニア臭)のある気体である。水に大量に溶解し、強塩基となる。

	a	b	c
1	正	誤	誤
2	正	正	誤
3	正	誤	正
4	誤	正	正
5	誤	正	誤

問 50　四塩化炭素の識別方法に関する記述について、最も適切なものを1～5から一つ選べ。

1　アルコール溶液は、白色の羊毛又は絹糸を鮮黄色に染める。
2　水溶液を白金線につけて無色の火炎中に入れると、火炎は著しく黄色に染まる。
3　エーテル溶液に、ヨードのエーテル溶液を加えると、褐色の液状沈殿を生じ、これを放置すると赤色針状結晶となる。
4　木炭とともに熱すると、メルカプタンの臭気を放つ。
5　アルコール性の水酸化カリウムと銅粉とともに煮沸すると、黄赤色の沈殿を生成する。

（農業用品目）

問 36　次の毒物又は劇物のうち、「毒物劇物農業用品目販売業者」が販売できるものとして、正しいものの組合せを1～5から一つ選べ。

a　酢酸エチル
b　弗化スルフリル
c　燐化アルミニウムとその分解促進剤とを含有する製剤
d　四アルキル鉛

1（a、b）　　2（a、c）　　3（b、c）　　4（b、d）　　5（c、d）

問 37　次の各物質を含有する製剤に関する記述について、正しいものの組合せを1～5から一つ選べ。なお、市販品の有無は問わない。

a　2・2－ジメチル－2・3－ジヒドロ-1-ベンゾフラン－7－イル＝N－［N－(2－エトキシカルボニルエチル)－N－イソプロピルスルフエナモイル]－N－メチルカルバマート（別名　ベンフラカルブ）を含有する製剤が、劇物の指定から除外される上限の濃度は2％である。

b　O-エチル＝S－1－メチルプロピル=(2－オキソ－3－チアゾリジニル)ホスホノチオアート（別名　ホスチアゼート）を含有する製剤が、劇物の指定から除外される上限の濃度は1.5％である。

c　5-メチル－1・2・4－トリアゾロ[3・4－b]ベンゾチアゾール（別名　トリシクラゾール）を含有する製剤が、劇物の指定から除外される上限の濃度は2％である。

d　3－(6－クロロピリジン－3－イルメチル)－1・3－チアゾリジン－2－イリデンシアナミド（別名　チアクロプリド）を含有する製剤が、劇物の指定から除外される上限の濃度は3％である。

1（a、b）　2（a、c）　3（b、c）　4（b、d）　5（c、d）

問 38　「毒物及び劇物の廃棄の方法に関する基準」に基づく、次の物質の廃棄方法の記述について、正しいものの組合せを1～5から一つ選べ。

a　シアン化カリウムは、セメントを用いて固化し、埋め立て処分する。多量の場合には加熱し、蒸発させて捕集回収する。

b　硫酸亜鉛は、水に溶かし、硝酸ナトリウム水溶液を加えて処理し、沈殿ろ過して埋立処分する。

c　エチルパラニトロフエニルチオノベンゼンホスホネイト（別名　EPN）は、おが屑（木粉）等に吸収させてアフターバーナー及びスクラバーを備えた燃焼炉で焼却する。

d　エチレンクロルヒドリンは、可燃性溶剤とともにスクラバーを備えた焼却炉で焼却する。

1（a、b）　2（a、c）　3（b、c）　4（b、d）　5（c、d）

問 39　「毒物及び劇物の廃棄の方法に関する基準」に基づく、次の物質の廃棄方法の記述について、正しいものの組合せを1～5から一つ選べ。

a　ブロムメチルは、多量の水で希釈して処理する。

b　S－メチル－N－[(メチルカルバモイル)－オキシ]－チオアセトイミデート（別名　メトミル）は、水酸化ナトリウム水溶液と加温して加水分解する。

c　2・2'－ジピリジリウム－1・1'－エチレンジブロミド（別名　ジクワット）は、徐々に石灰乳などの撹拌溶液に加えて中和させた後、多量の水で希釈して処理する。

d　沃化メチルは、過剰の可燃性溶剤又は重油等の燃料とともに、アフターバーナー及びスクラバーを備えた焼却炉の火室に噴霧して、できるだけ高温で焼却する。

1（a、b）　2（a、c）　3（b、c）　4（b、d）　5（c、d）

問 40　「毒物及び劇物の運搬事故時における応急措置に関する基準」に基づく、次の物質の飛散又は漏えい時の措置の記述について、適切なものの組合せを1～5から一つ選べ。

　　　なお、作業にあたっては、風下の人を避難させる、飛散又は漏えいした場所の周辺にはロープを張るなどして人の立入りを禁止する、作業の際には必ず保護具を着用する、風下で作業をしない、廃液が河川等に排出されないように注意する、付近の着火源となるものは速やかに取り除く、などの基本的な対応を行っているものとする。

a　2－イソプロピル－4－メチルピリミジル－6－ジエチルチオホスフエイト（別名　ダイアジノン）は、飛散したものは空容器にできるだけ回収し、そのあとを、食塩水を用いて処理し、多量の水を用いて洗い流す。

b　1・1'-ジメチル－4・4'－ジピリジニウムジクロリド（別名　パラコート）は、漏えいした液は土壌等でその流れを止め、安全な場所に導き、空容器にできるだけ回収し、そのあとを土壌で覆って十分に接触させた後、土壌を取り除き、多量の水を用いて洗い流す。

c　硫酸は、少量の場合、漏えいした液は土砂等に吸着させて取り除くか、又は、ある程度水で徐々に希釈した後、水酸化カルシウム（消石灰）、炭酸ナトリウム（ソーダ灰）等で中和し、多量の水を用いて洗い流す。

d　クロルピクリンは、飛散したものは、できるだけ空容器に回収する。回収したものは、引火性が高いので、速やかに多量の水に溶かして処理する。回収したあとは、多量の水を用いて洗い流す。

1（a、b）　　2（a、d）　　3（b、c）　　4（b、d）　　5（c、d）

問 41　次の物質とその用途の組合せとして、正しいものを1～5から一つ選べ。

	物質名	用途
1	クロルピクリン	殺鼠剤
2	S－メチル－N－[(メチルカルバモイル)－オキシ]－チオアセトイミデート（別名　メトミル）	植物成長調整剤
3	エチル=(Z)－3－[N－ベンジル－N－[[メチル(1－メチルチオエチリデンアミノオキシカルボニル)アミノ]チオ]アミノ]プロピオナート（別名　アラニカルブ）	植物成長調整剤
4	3－ジメチルジチオホスホリル－S－メチル－5－メトキシ1・3・4－チアジアゾリン－2－オン（別名　DMTP又はメチダチオン）	植物成長調整剤
5	4－ブロモ－2－(4－クロロフエニル)－1－エトキシメチル-5-トリフルオロメチルピロール-3-カルボニトリル（別名　クロルフエナピル）	殺鼠剤

問 42　次の物質のうち、その用途が殺鼠剤である物質の、正しいものの組合せを1～5から一つ選べ。

a　燐化亜鉛

b　3－（6－クロロピリジン－3－イルメチル）－1・3－チアゾリジン－2－イリデンシアナミド（別名　チアクロプリド）

c　5－ジメチルアミノ－1・2・3－トリチアン蓚酸塩（別名　チオシクラム）

d　2－ジフエニルアセチル－1・3－インダンジオン（別名　ダイファシノン）

1（a、b）　2（a、d）　3（b、c）　4（b、d）　5（c、d）

問 43　次の物質の毒性に関する記述について、該当する物質名との最も適切な組合せを下表から一つ選べ。

（物質名）　シアン化水素、　ブロムメチル、　燐化亜鉛

a　普通の燻蒸濃度では臭気を感じないため、中毒を起こすおそれがあるので注意を要する。蒸気を吸入した場合の中毒症状として、頭痛、眼や鼻孔の刺激、呼吸困難をきたすことがある。

b　嚥下吸入したときに、胃及び肺で胃酸や水と反応してホスフィンを生成することにより中毒を起こす。

c　極めて猛毒で、希薄な蒸気でもこれを吸入すると呼吸中枢を刺激して、次いで麻痺させる。

	a	b	c
1	ブロムメチル	燐化亜鉛	シアン化水素
2	ブロムメチル	シアン化水素	燐化亜鉛
3	燐化亜鉛	ブロムメチル	シアン化水素
4	燐化亜鉛	シアン化水素	ブロムメチル
5	シアン化水素	燐化亜鉛	ブロムメチル

問 44　エチルパラニトロフエニルチオノベンゼンホスホネイト（別名　EPN）の中毒等に関する記述の正誤について、正しい組合せを下表から一つ選べ。

a　TCA サイクル（クエン酸回路）を遮断することにより、中毒症状が出現する。

b　重症中毒症状には、意識混濁、縮瞳、全身痙攣等がある。

c　中毒の治療には、2-ピリジルアルドキシムメチオダイド（別名　PAM）の製剤が使用される。

	a	b	c
1	誤	誤	正
2	正	正	誤
3	誤	正	正
4	誤	誤	誤
5	正	誤	正

問 45　塩素酸ナトリウムに関する記述について、（　　）の中に入れるべき字句の正しい組合せを下表から一つ選べ。

　　（ a ）として使用される物質で、潮解性があるので（ b ）に密栓して、可燃性物質とは離して保管するのがよい。またアンモニウム塩と混ざると（ c ）するおそれがあるので注意する。

	a	b	c
1	殺虫剤	金属容器は避けて、乾燥している冷暗所	爆発
2	除草剤	鉄ドラム缶を用い、風通しの良い乾燥した冷所	不活性化
3	殺虫剤	鉄ドラム缶を用い、風通しの良い乾燥した冷所	爆発
4	殺虫剤	鉄ドラム缶を用い、風通しの良い乾燥した冷所	不活性化
5	除草剤	金属容器は避けて、乾燥している冷暗所	爆発

問46 ～問50　次の物質について、正しい組合せを1～5から一つ選べ。

問 46　2・2'ージピリジリウム－1・1'ーエチレンジブロミド（別名　ジクワット）

	形状	溶解性	その他特徴
1	結晶	水に不溶	中性又はアルカリ性下で安定であるが、酸性では不安定
2	粘稠性液体	水に可溶	中性又はアルカリ性下で安定であるが、酸性では不安定
3	粘稠性液体	水に不溶	中性又は酸性下で安定であるが、アルカリ性では不安定
4	結晶	水に可溶	中性又は酸性下で安定であるが、アルカリ性では不安定
5	粘稠性液体	水に不溶	中性又は酸性下で安定であるが、アルカリ性では不安定

問 47　5－メチル－1・2・4－トリアゾロ[3・4－b]ベンゾチアゾール（別名　トリシクラゾール）

	形状	溶解性	その他特徴
1	結晶	水に難溶	無臭
2	吸湿性液体	水に難溶	アーモンド臭
3	結晶	水に易溶	アーモンド臭
4	吸湿性液体	水に易溶	アーモンド臭
5	吸湿性液体	水に難溶	無臭

問 48　硫酸第二銅五水和物　（別名　硫酸銅（Ⅱ）五水和物）

	形状	溶解性	その他特徴
1	油状液体	水に不溶	風解性
2	結晶	水に可溶	風解性
3	油状液体	水に可溶	潮解性
4	結晶	水に不溶	潮解性
5	結晶	水に可溶	潮解性

問 49　シアン酸ナトリウム

	形状	溶解性	その他特徴
1	結晶	水に可溶	熱に対し安定
2	結晶	水に不溶	熱に対し不安定
3	結晶	水に可溶	熱に対し不安定
4	液体	水に可溶	熱に対し不安定
5	液体	水に不溶	熱に対し安定

問 50　(RS)－α－シアノ－３－フエノキシベンジル＝N －（２－クロロ－α・α・α－
トリフルオローパラトリル)－D －バリナート　（別名　フルバリネート）

	形状	溶解性	その他特徴
1	結晶	水に易溶	太陽光に不安定
2	粘稠性液体	水に易溶	太陽光に不安定
3	結晶	水に難溶	太陽光に安定
4	粘稠性液体	水に易溶	太陽光に安定
5	粘稠性液体	水に難溶	太陽光に不安定

（特定品目）

問 36　次のうち、「毒物劇物特定品目販売業者」が販売できるものはいくつあるか。
　　　正しいものを１〜５から一つ選べ。

　　a　水素化アンチモン　　　　　　　　b　弗化水素
　　c　塩基性酢酸鉛　　　　　　　　　　d　硝酸 20 ％を含有する製剤
　　e　クロム酸カリウム 20 ％を含有する製剤

　　1　1つ　　　2　2つ　　　3　3つ　　　4　4つ　　　5　5つ

問 37　次のうち、劇物に該当するものとして、正しいものの組合せを１〜５から一つ
　　　選べ。
　　a　蓚酸８％を含有する製剤
　　b　水酸化ナトリウム８％を含有する製剤
　　c　アンモニア８％を含有する製剤
　　d　硅弗化ナトリウム

　　1　(a、b)　2　(a、c)　3　(a、d)　4　(b、d)　5　(c、d)

問 38　「毒物及び劇物の廃棄の方法に関する基準」に基づく、過酸化水素、ホルムア
　　　ルデヒド及びキシレンの廃棄方法について、正しい組合せを下表から一つ選べ。

	過酸化水素	ホルムアルデヒド	キシレン
1	中和法	希釈法	希釈法
2	還元法	酸化法	燃焼法
3	還元法	希釈法	燃焼法
4	希釈法	還元法	希釈法
5	希釈法	酸化法	燃焼法

問 39　「毒物及び劇物の廃棄の方法に関する基準」に基づく、重クロム酸カリウムの廃棄方法に関する記述について、（　　）の中に入れるべき字句の正しい組合せを下表から一つ選べ。

	a	b	c
1	水酸化カリウム水溶液	還　元	埋立処分
2	水酸化カリウム水溶液	酸　化	焼却処分
3	水酸化カリウム水溶液	還　元	焼却処分
4	希硫酸	還　元	埋立処分
5	希硫酸	酸　化	焼却処分

問 40　「毒物及び劇物の運搬事故時における応急措置に関する基準」に基づく、次の物質の飛散又は漏えい時の措置として、該当する物質名との最も適切な組合せを下表から一つ選べ。
　　　なお、作業にあたっては、風下の人を避難させる、飛散又は漏えいした場所の周辺にはロープを張るなどして人の立入りを禁止する、作業の際には必ず保護具を着用する、風下で作業しない、廃液が河川等に排出されないように注意する、付近の着火源となるものは速やかに取り除く、などの基本的な対応を行っているものとする。

(物質名)液化アンモニア（液体アンモニア）、クロロホルム、酢酸エチル、硝酸

a　少量の場合、土砂等に吸着させて取り除くか、又はある程度水で徐々に希釈した後、水酸化カルシウム（消石灰）、炭酸ナトリウム（ソーダ灰）等で中和し、多量の水を用いて洗い流す。
b　多量の場合、土砂等でその流れを止め、安全な場所に導いた後、液の表面を泡等で覆い、できるだけ空容器に回収する。そのあとは多量の水を用いて洗い流す。
c　土砂等でその流れを止め、安全な場所に導き、空容器にできるだけ回収し、そのあとを多量の水を用いて洗い流す。洗い流す場合には中性洗剤等の分散剤を使用して洗い流す。
d　少量の場合、漏えい箇所を濡れむしろ等で覆い、遠くから多量の水をかけて洗い流す。

	a	b	c	d
1	液化アンモニア	クロロホルム	酢酸エチル	硝酸
2	硝酸	クロロホルム	液化アンモニア	酢酸エチル
3	硝酸	酢酸エチル	クロロホルム	液化アンモニア
4	クロロホルム	硝酸	酢酸エチル	液化アンモニア
5	酢酸エチル	液化アンモニア	硝酸	クロロホルム

問 41　次の劇物とその用途の正誤について、正しい組合せを下表から一つ選べ。

劇物　　　　　　　　　用途
a　塩化水素　　－　紙・パルプの漂白剤、殺菌剤
b　蓚酸　　　　－　木、コルク、綿、藁製品等の漂白剤
c　硫酸　　　　－　乾燥剤、肥料の製造、石油の精製

	a	b	c
1	正	正	正
2	正	誤	正
3	正	誤	誤
4	誤	正	正
5	誤	正	誤

問 42 次の劇物とその用途について、正しいものの組合せを 1 ～ 5 から一つ選べ。

劇物　　　　　　　　　　用途
a　硅弗化ナトリウム　－　釉薬
b　メチルエチルケトン　－　金属の化学研磨
c　クロロホルム　　　　－　セッケンの製造
d　トルエン　　　　　　－　爆薬の原料

1（a、b）　　2（a、d）　　3（b、c）　　4（b、d）　　5（c、d）

問 43 メタノールの毒性に関する記述の正誤について、正しい組合せを下表から一つ選べ。

a　頭痛、めまい、嘔吐、下痢、腹痛などを起こす。
b　視神経が侵され、眼がかすみ、失明することがある。
c　中毒の原因として、体内で代謝され生じた、ぎ酸による神経細胞内での作用がある。

	a	b	c
1	正	正	正
2	正	誤	誤
3	正	正	誤
4	誤	誤	正
5	誤	正	誤

問 44 次の劇物とその毒性に関する記述の正誤について、正しい組合せを下表から一つ選べ。

劇物　　　　　　　　毒性
a　塩素　　　　　　－　吸入すると、窒息感、喉頭及び気管支筋の強直をきたし、呼吸困難に陥る。
b　クロム酸ナトリウム　－　血液中のカルシウム分を奪取し、神経系を侵す。急性中毒症状は、胃痛、嘔吐、口腔・咽喉の炎症、腎障害である。
c　トルエン　　　　－　吸入した場合、短時間の興奮期を経て、深い麻酔状態に陥ることがある。

	a	b	c
1	正	正	正
2	正	誤	誤
3	正	誤	正
4	誤	正	正
5	誤	正	誤

問 45　次の物質の貯蔵方法や取扱上の注意事項等に関する記述について、該当する物質名との最も適切な組合せを下表から一つ選べ。

（物質名）　過酸化水素水、四塩化炭素、ホルマリン、メタノール

a　少量ならば褐色ガラス瓶、大量ならばカーボイなどを使用し、3分の1の空間を保って貯蔵する。一般に安定剤として少量の酸類の添加は許容されている。

b　亜鉛又は錫メッキをした鋼鉄製容器で保管し、高温に接しない場所に保管する。ドラム缶で保管する場合には雨水が漏入しないようにし、直射日光を避け冷所に置く。本品の蒸気は空気より重く、低所に滞留するので、地下室など換気の悪い場所には保管しない。

c　引火しやすく、また、その蒸気は空気と混合して爆発性混合ガスを形成するので、火気に近づけない。

d　低温では混濁するので、常温で保存する。

	a	b	c	d
1	メタノール	過酸化水素水	四塩化炭素	ホルマリン
2	ホルマリン	過酸化水素水	メタノール	四塩化炭素
3	ホルマリン	過酸化水素水	四塩化炭素	メタノール
4	過酸化水素水	四塩化炭素	ホルマリン	メタノール
5	過酸化水素水	四塩化炭素	メタノール	ホルマリン

問 46　次の記述について、正しいものの組合せを1～5から一つ選べ。

a　一酸化鉛は、黒色の粉末又は粉状で、水にはほとんど溶けない。

b　四塩化炭素は、火災などで強熱されるとホスゲンを生成する恐れがある。

c　過酸化水素は、分解が起こると激しく水素を生成する。

d　塩化水素は、吸湿すると、大部分の金属を腐食して水素ガスを発生する。

1（a、b）　2（a、c）　3（b、c）　4（b、d）　5（c、d）

問 47　次の記述について、正しいものの組合せを1～5から一つ選べ。

a　水酸化カリウム水溶液は、爆発性でも引火性でもないが、アルミニウム、錫、亜鉛などの金属を腐食して水素ガスを発生する。

b　硅弗化ナトリウムは、酸と接触すると弗化水素ガス及び四弗化ケイ素ガスを発生する。

c　重クロム酸カリウムは、橙赤色の結晶であり、強力な還元剤である。

d　メチルエチルケトンは、無臭の液体である。

1（a、b）　2（a、d）　3（b、c）　4（b、d）　5（c、d）

問 48　次の記述について、正しいものの組合せを1～5から一つ選べ。

a　キシレンには3種の異性体があり、引火しやすい。

b　アンモニアは、エタノール、エーテルのいずれにも不溶である。

c　ホルムアルデヒドは、空気中の酸素によって一部酸化され、酢酸を生じる。

d　濃硫酸は、水と急激に接触すると多量の熱を発生し、酸が飛散することがある。

1（a、b）　2（a、d）　3（b、c）　4（b、d）　5（c、d）

問49　次の記述について、正しいものの組合せを1～5から一つ選べ。

　　a　塩素は、黄緑色の気体であり、水素又は炭化水素（特にアセチレン）と爆発的に反応する。
　　b　酢酸エチルは、果実様の香気のある液体である。
　　c　酸化第二水銀（別名　酸化水銀（Ⅱ））は、白色の粉末で水に易溶である。
　　d　水酸化ナトリウムは、水と酸素を吸収する性質が強い。

　　1（a、b）　2（a、d）　3（b、c）　4（b、d）　5（c、d）

問50　次の物質の識別方法に関する記述について、正しいものの組合せを1～5から一つ選べ。

　　a　蓚酸の水溶液に、過マンガン酸カリウム溶液を加えると、赤紫色の沈殿が生じる。
　　b　メタノールをサリチル酸と濃硫酸とともに熱すると、芳香のあるアセチルサリチル酸を生成する。
　　c　四塩化炭素は、アルコール性の水酸化カリウムと銅粉とともに煮沸すると、黄赤色の沈殿を生じる。
　　d　クロロホルムのアルコール溶液に、水酸化カリウム溶液と少量のアニリンを加えて熱すると、不快な刺激臭を放つ。

　　1（a、b）　2（a、d）　3（b、c）　4（b、d）　5（c、d）

関西広域連合統一共通〔滋賀県、京都府、大阪府、和歌山県、兵庫県、徳島県〕

○「毒物及び劇物の廃棄の方法に関する基準」及び「毒物及び劇物の運搬事故時における応急措置に関する基準」は、それぞれ厚生省（現厚生労働省）から通知されたものをいう。

【令和4年度実施】

（一般）

問 36 次のa〜eのうち、すべての物質が劇物に指定されているものの、正しい組合せを1〜5から一つ選べ。ただし、物質はすべて原体とする。

a ブロムエチル、ブロムメチル、ブロモ酢酸エチル
b トルエン、ベンゼンチオール、メチルエチルケトン
c 一酸化鉛、二酸化鉛、三弗化燐
d クロロホルム、メタノール、四塩化炭素
e クロルスルホン酸、クロルピクリン、トリクロロシラン

1 (a、b)　2 (a、c)　3 (b、d)　4 (c、e)　5 (d、e)

問 37 次のa〜eのうち、すべての物質が毒物に指定されているものの、正しい組合せを1〜5から一つ選べ。ただし、物質はすべて原体とする。

a 臭化銀、重クロム酸カリウム、メチルアミン
b ジボラン、セレン化水素、四弗化硫黄
c 塩化第二水銀（別名 塩化水銀（Ⅱ））、塩化ホスホリル、酢酸タリウム
d ジクロル酢酸、2-メルカプトエタノール、モノフルオール酢酸
e ヒドラジン、弗化スルフリル、ホスゲン

1 (a、b)　2 (a、d)　3 (b、e)　4 (c、d)　5 (c、e)

問 38 「毒物及び劇物の廃棄の方法に関する基準」に基づく、次の物質の廃棄方法に関する記述の正誤について、正しい組合せを1〜5から一つ選べ。

a アニリンは、可燃性溶剤とともに、焼却炉の火室に噴霧し焼却する。
b 塩素は、多量の酸性水溶液に吹き込んだ後、多量の水で希釈して処理する。
c 過酸化水素は、多量の水で希釈して処理する。
d 酢酸エチルは、アルカリ水溶液で中和した後、多量の水で希釈して処理する。

	a	b	c	d
1	正	正	誤	誤
2	正	誤	正	誤
3	誤	正	正	正
4	正	誤	誤	正
5	誤	正	誤	正

問 39　「毒物及び劇物の廃棄の方法に関する基準」に基づく、次の物質の廃棄方法に関する記述について、該当する物質名との最も適切な組合せを1～5から一つ選べ。

<物質名> 過酸化ナトリウム、ぎ酸、硅弗化ナトリウム

a 可燃性溶剤とともにアフターバーナー及びスクラバーを備えた焼却炉で焼却する。

b 水に溶かし、水酸化カルシウム(消石灰)等の水溶液を加えて処理した後、希硫酸を加えて中和し、沈殿ろ過して埋立処分する。

c 水に加えて希薄な水溶液とし、酸で中和した後、多量の水で希釈して処理する。

	a	b	c
1	過酸化ナトリウム	ぎ酸	硅弗化ナトリウム
2	過酸化ナトリウム	硅弗化ナトリウム	ぎ酸
3	ぎ酸	過酸化ナトリウム	硅弗化ナトリウム
4	ぎ酸	硅弗化ナトリウム	過酸化ナトリウム
5	硅弗化ナトリウム	ぎ酸	過酸化ナトリウム

問 40　「毒物及び劇物の運搬事故時における応急措置に関する基準」に基づく、次の物質の飛散又は漏えい時の措置として、該当する物質名との最も適切な組合せを1～5から一つ選べ。

なお、作業にあたっては、風下の人を避難させる、飛散又は漏えいした場所の周辺にはロープを張るなどして人の立入りを禁止する、作業の際には必ず保護具を着用する、風下で作業をしない、廃液が河川等に排出されないように注意する、付近の着火源となるものは速やかに取り除く、などの基本的な対応を行っているものとする。

<物質名> 五塩化燐、硝酸バリウム、四アルキル鉛

a 飛散したものは密閉可能な空容器にできるだけ回収し、そのあとを水酸化カルシウム、無水炭酸ナトリウム等の水溶液を用いて処理し、多量の水を用いて洗い流す。

b 飛散したものは空容器にできるだけ回収し、そのあとを硫酸ナトリウムの水溶液を用いて処理し、多量の水を用いて洗い流す。

c 少量の場合、漏えいした液は過マンガン酸カリウム水溶液(5％)、さらし粉水溶液又は次亜塩素酸 ナトリウム水溶液で処理するとともに、至急関係先に連絡し専門家に任せる。

	a	b	c
1	五塩化燐	硝酸バリウム	四アルキル鉛
2	五塩化燐	四アルキル鉛	硝酸バリウム
3	硝酸バリウム	四アルキル鉛	五塩化燐
4	四アルキル鉛	硝酸バリウム	五塩化燐
5	四アルキル鉛	五塩化燐	硝酸バリウム

問 41　次の劇物とその用途の正誤について、正しい組合せを下表から一つ選べ。

	物質	用途
a	クレゾール	防腐剤、消毒剤
b	硅弗化水素酸	漂白剤
c	アクリルニトリル	化学合成上の主原料で合成繊維の原料

	a	b	c
1	正	正	誤
2	正	誤	正
3	誤	正	正
4	誤	正	誤
5	誤	誤	正

問 42　クロルピクリンの熱への安定性及び用途について、最も適切な組合せを 1 ～ 5 から一つ選べ。

	熱への安定性	用途
1	熱に安定	保冷剤
2	熱に安定	土壌燻蒸剤
3	熱に安定	接着剤
4	熱に不安定で分解	土壌燻蒸剤
5	熱に不安定で分解	熱に不安定で分解　保冷剤

問 43　次の物質とその毒性に関する記述の正誤について、正しい組合せを 1 ～ 5 から一つ選べ。

	物質	毒性
a	セレン	吸入した場合、のどを刺激する。はなはだしい場合には、肺炎を起こすことがある。
b	酢酸エチル	吸入した場合、短時間の興奮期を経て、麻酔状態に陥ることがある。
c	臭素	吸入した場合、皮膚や粘膜が青黒くなる(チアノーゼ症状)。頭痛、めまい、眠気がおこる。はなはだしい場合には、こん睡、意識不明となる。

	a	b	c
1	誤	正	正
2	誤	正	誤
3	誤	誤	正
4	正	誤	正
5	正	正	誤

問 44　次の物質とその中毒の対処に適切な解毒剤・拮抗剤の正誤について、正しい組合せを 1 ～ 5 から一つ選べ。

	物質	解毒剤・拮抗剤
a	蓚酸塩類	アセトアミド
b	シアン化合物	硫酸アトロピン
c	ヨード	澱粉溶液

	a	b	c
1	誤	正	正
2	誤	正	誤
3	誤	誤	正
4	正	正	誤
5	正	誤	正

問 45　次の物質とその貯蔵方法に関する記述の正誤について、正しい組合せを1〜5から一つ選べ。

	物質	貯蔵方法
a	アクロレイン	安定剤を加えて空気を遮断して貯蔵する。
b	過酸化水素	少量ならば褐色ガラス瓶、大量ならばカーボイなどを使用し、3分の1の空間を保ち、日光を避け、有機物、金属粉等と離して、冷所に保管する。
c	ピクリン酸	亜鉛又はスズメッキをほどこした鉄製容器に保管し、高温を避ける。

	a	b	c
1	誤	正	正
2	誤	正	誤
3	誤	誤	正
4	正	正	誤
5	正	誤	正

問 46　次の物質とその性状に関する記述の正誤について、正しい組合せを1〜5から一つ選べ。

	物質	性状
a	ベンゼンチオール	無色または淡黄色の透明な液体。水に難溶、ベンゼン、エーテル、アルコールに可溶。
b	ブロムエチル	無色透明、揮発性の液体。強く光線を屈折し、中性の反応を呈する。エーテル様の香気と、灼（やく）ような味を有する。
c	ニトロベンゼン	無色又は微黄色の吸湿性の液体で、強い苦扁桃（アーモンド）様の香気をもち、光線を屈折させる。

	a	b	c
1	正	正	誤
2	正	正	正
3	誤	正	誤
4	正	誤	正
5	誤	誤	誤

問 47　次の物質とその性状に関する記述の正誤について、正しい組合せを1〜5から一つ選べ。

	物質	性状
a	無水クロム酸	暗赤色の結晶。潮解性があり、水に易溶。酸化性、腐食性が大きい。強酸性。
b	アセトニトリル	無色又はわずかに着色した透明の液体で、特有の刺激臭がある。可燃性で、高濃度のものは空気中で白煙を生じる。
c	ホルマリン	無色の催涙性透明液体。刺激臭を有する。空気中の酸素によって一部酸化され、ぎ酸を生じる。

	a	b	c
1	正	誤	正
2	正	正	誤
3	正	正	正
4	誤	正	正
5	誤	誤	誤

問 48　次の物質とその性状に関する記述の正誤について、正しい組合せを1〜5から一つ選べ。

	物質	性状
a	ピクリン酸	淡黄色の光沢ある小葉状あるいは針状結晶。純品は無臭。徐々に熱すると昇華するが、急熱あるいは衝撃により爆発する。
b	ベタナフトール	無色の光沢のある小葉状結晶あるいは白色の結晶性粉末。かすかなフェノール様臭気と、灼（やく）ような味を有する。
c	塩化第一銅（別名 塩化銅（I））	濃い藍色の結晶で、風解性があり、水に可溶。水溶液は青いリトマス紙を赤くし、酸性反応を呈する。

	a	b	c
1	誤	正	正
2	正	誤	正
3	正	正	正
4	正	正	誤
5	誤	誤	誤

問 49　次の物質とその識別方法に関する記述の正誤について、正しい組合せを1～5から一つ選べ。

	物質	識別方法
a	硝酸銀	鉄屑を加えて熱すると藍色を呈して溶け、その際に赤褐色の蒸気を発生する。
b	硫酸亜鉛	水に溶かして硫化水素を通じると、白色の沈殿を生じる。また、水に溶かして塩化バリウムを加えると白色の沈殿を生じる。
c	トリクロル酢酸	水酸化ナトリウム溶液を加えて熱すれば、クロロホルムの臭気を放つ。

	a	b	c
1	正	正	誤
2	誤	正	正
3	正	正	正
4	正	誤	正
5	誤	誤	誤

問 50　次の物質とその取扱上の注意に関する記述の正誤について、正しい組合せを1～5から一つ選べ。

	物質	取扱上の注意
a	カリウム	水、二酸化炭素、ハロゲン化炭化水素と激しく反応するので、これらと接触させない。
b	メタクリル酸	重合防止剤が添加されているが、加熱、直射日光、過酸化物、鉄錆等により重合が始まり、爆発することがある。
c	沃化水素酸	引火しやすく、また、その蒸気は空気と混合して爆発性混合ガスを形成するので火気には近づけない。

	a	b	c
1	誤	正	正
2	誤	誤	誤
3	正	誤	正
4	正	正	正
5	正	正	誤

（農業用品目）

問 36　次のうち、省令第4条の2に規定する毒物及び劇物に該当するもの（農業用品目）の、正しい組合せを1～5から一つ選べ。ただし、物質はすべて原体とする。

a　クロルメチル　　b　黄燐　　c　燐化亜鉛　　d　アバメクチン

1（a、b）　　　2（a、c）　　　3（b、c）　　　4（b、d）　　　5（c、d）

問 37　次の物質を含有する製剤に関する記述について、（　　）の中に入れるべき字句の正しい組合せを1～5から一つ選べ。なお、市販品の有無は問わない。

a　(RS)-α-シアノ-3-フエノキシベンジル=N-(2-クロロ-α・α・α-トリフルオロ-パラトリル)-D-バリナート(別名　フルバリネート)を含有する製剤が、（　a　）の指定から除外される上限の濃度は5％である。
b　2-ジフエニルアセチル-1・3-インダンジオン(別名　ダイファシノン)を含有する製剤が、（　b　）の指定から除外される上限の濃度は0.005％である。
c　トランス-N-(6-クロロ-3-ピリジルメチル)-N'-シアノ-N-メチルアセトアミジン(別名　アセタミプリド)を含有する製剤が、劇物の指定から除外される上限の濃度は（　c　）％である。
d　2-イソプロピル-4-メチルピリミジル-6-ジエチルチオホスフエイト(別名　ダイアジノン)を含有する製剤が、劇物の指定から除外される上限の濃度は（　d　）％(マイクロカプセル製剤にあっては25％)である。

	a	b	c	d
1	劇物	劇物	2	20
2	劇物	毒物	8	20
3	劇物	毒物	2	5
4	毒物	毒物	8	20
5	毒物	劇物	2	5

問 38 「毒物及び劇物の廃棄の方法に関する基準」に基づく、シアン化水素の廃棄方法の記述について、（　）の中に入れるべき字句の最も適切な組合せを1～5から一つ選べ。なお、複数箇所の（　b　）内は、同じ字句が入る。

多量の（　a　）(20w/v％以上)に吹き込んだのち、次亜塩素酸ナトリウムなどの（　b　）剤の水溶液を加えてシアン成分を（　b　）分解する。
シアン成分を分解したのち（　c　）を加え中和し、多量の水で希釈して処理する。

	a	b	c
1	水酸化ナトリウム水溶液	還元	硫酸
2	水酸化ナトリウム水溶液	酸化	硫酸
3	水酸化ナトリウム水溶液	還元	チオ硫酸ナトリウム
4	希硫酸	還元	水酸化ナトリウム
5	希硫酸	酸化	水酸化ナトリウム

問 39 「毒物及び劇物の廃棄の方法に関する基準」に基づく、次の物質の廃棄方法の記述について、適切なものの組合せを1～5から一つ選べ。

a 1・3-ジカルバモイルチオ-2-(N・N-ジメチルアミノ)-プロパン(別名 カルタップ)は、水酸化ナトリウム水溶液でアルカリ性とし、高温加圧下で加水分解する。

b 塩素酸ナトリウムは、還元剤(チオ硫酸ナトリウム等)の水溶液に希硫酸を加えて酸性にし、この中に少量ずつ投入する。反応終了後、反応液を中和し多量の水で希釈して処理する。

c S-メチル-N-[(メチルカルバモイル)-オキシ]-チオアセトイミデート(別名 メトミル)は、少量の界面活性剤を加えた亜硫酸ナトリウムと炭酸ナトリウムの混合液中で、撹拌し分解させた後、多量の水で希釈して処理する。

d N-メチル-1-ナフチルカルバメート(別名 カルバリル、NAC)は、そのまま焼却炉で焼却する。

1 (a、b)　　　2 (a、c)　　　3 (b、c)　　　4 (b、d)　　　5 (c、d)

問 40 「毒物及び劇物の運搬事故時における応急措置に関する基準」に基づく、次の物質の飛散又は漏えい時の措置として、該当する物質名との最も適切な組合せを1～5から一つ選べ。

なお、作業にあたっては、風下の人を避難させる、飛散又は漏えいした場所の周辺にはロープを張るなどして人の立入りを禁止する、作業の際には必ず保護具を着用する、風下で作業しない、廃液が河川等に排出されないように注意する、付近の着火源となるものは速やかに取り除く、などの基本的な対応を行っているものとする。

<物質名> ジメチルジチオホスホリルフエニル酢酸エチル(別名 フェントエート、PAP)、ブロムメチル、硫酸第二銅(別名 硫酸銅(Ⅱ))

a 飛散したものは空容器にできるだけ回収し、そのあとを水酸化カルシウム(消石灰)、炭酸ナトリウム(ソーダ灰)等の水溶液を用いて処理し、多量の水で洗い流す。
b 漏えいした液は土砂等でその流れを止め、安全な場所に導き、空容器にできるだけ回収し、そのあとを水酸化カルシウム(消石灰)等の水溶液を用いて処理し、中性洗剤等の分散剤を使用して多量の水で洗い流す。
c 漏えいした液が多量の場合は、土砂等でその流れを止め、液が広がらないようにして蒸発させる。

	a	b	c
1	硫酸第二銅	フェントエート	ブロムメチル
2	硫酸第二銅	ブロムメチル	フェントエート
3	フェントエート	硫酸第二銅	ブロムメチル
4	ブロムメチル	フェントエート	硫酸第二銅
5	ブロムメチル	硫酸第二銅	フェントエート

問 41 次の物質とその用途の記述が、適切なものの組合せを1～5から一つ選べ。

	物質名	用途
a	2・2'-ジピリジリウム-1・1'-エチレンジブロミド(別名 ジクワット)	除草剤
b	2'・4-ジクロロ-α・α・α-トリフルオロ-4'-ニトロメタトルエンスルホンアニリド(別名 フルスルフアミド)	殺虫剤
c	トランス-N-(6-クロロ-3-ピリジルメチル)-N'-シアノ-N-メチルアセトアミジン(別名 アセタミプリド)	殺虫剤
d	ジエチル-3・5・6-トリクロル-2-ピリジルチオホスフエイト(別名 クロルピリホス)	殺菌剤

1 (a、b) 　 2 (a、c) 　 3 (b、c) 　 4 (b、d) 　 5 (c、d)

問 42 次の物質のうち、土壌燻蒸剤(土壌消毒剤)として用いる物質として適切なものの組合せを1～5から一つ選べ。

a 5-メチル-1・2・4-トリアゾロ[3・4-b]ベンゾチアゾール(別名 トリシクラゾール)
b クロルピクリン
c N-(4-t-ブチルベンジル)-4-クロロ-3-エチル-1-メチルピラゾール-5-カルボキサミド(別名 テブフエンピラド)
d メチルイソチオシアネート

1 (a、b) 　 2 (a、c) 　 3 (b、c) 　 4 (b、d) 　 5 (c、d)

問 43 S-メチル-N-[(メチルカルバモイル)-オキシ]-チオアセトイミデート(別名 メトミル)に関する記述について、( )の中に入れるべき字句の最も適切な組合せを1～5から一つ選べ。

メトミルは野菜等に使用される(a)系の(b)で、水やメタノールに溶ける。中毒時の解毒剤は(c)が有効である。

	a	b	c
1	有機燐	殺虫剤	硫酸アトロピン
2	有機燐	殺菌剤	ジメルカプロール
3	有機燐	殺虫剤	ジメルカプロール
4	カーバメート	殺菌剤	硫酸アトロピン
5	カーバメート	殺虫剤	硫酸アトロピン

問 44 次の物質の毒性に関する記述について、該当する物質名との最も適切な組合せを1～5から一つ選べ。

＜物質名＞ 塩素酸ナトリウム、クロルピクリン、2-イソプロピル-4-メチルピリミジル-6-ジエチルチオホスフエイト(別名 ダイアジノン)

a コリンエステラーゼの阻害により、倦怠感、頭痛、めまい等の症状を呈し、重症中毒症状として、縮瞳、意識混濁、全身痙攣等を生じる。

b 吸入すると、分解されずに組織内に吸収され、各器官が障害される。血液中でメトヘモグロビンを生成、また中枢神経や心臓、眼粘膜を侵し、肺も強く障害される。

c 血液に対する毒性が強い。腎臓が障害されるため尿に血が混じり、量が少なくなる。重度の場合、気を失い、痙攣を起こして死亡することがある。

	a	b	c
1	塩素酸ナトリウム	クロルピクリン	ダイアジノン
2	塩素酸ナトリウム	ダイアジノン	クロルピクリン
3	ダイアジノン	クロルピクリン	塩素酸ナトリウム
4	ダイアジノン	塩素酸ナトリウム	クロルピクリン
5	クロルピクリン	ダイアジノン	塩素酸ナトリウム

問 45 1・1'-ジメチル-4・4'-ジピリジニウムジクロリド(別名 パラコート)に関する記述の正誤について、正しい組合せを1～5から一つ選べ。

a 生体内でラジカルとなり、酸素に触れて活性酸素を生じることで組織に障害を与える。

b 吸入した場合、鼻やのどなどの粘膜に炎症を起こし、重症の場合には、嘔気、嘔吐、下痢などを起こすことがある。

c 飲み込んだ場合には、消化器障害、ショックのほか、数日遅れて肝臓、腎臓、肺等の機能障害を起こすことがあるので、特に症状がない場合にも至急医師による手当を受ける。

	a	b	c
1	誤	誤	正
2	誤	正	誤
3	正	誤	誤
4	正	正	正
5	誤	正	正

問46〜問50 次の物質について、最も適切な組合せを1〜5から一つ選べ。

問46 2・3・5・6-テトラフルオロ-4-メチルベンジル=(Z)-(1RS・3RS)-3-(2-クロロ-3・3・3-トリフルオロ-1-プロペニル)-2・2-ジメチルシクロプロパンカルボキシラート(別名 テフルトリン)

	形状	溶解性	分類
1	固体	水に難溶	有機燐系
2	固体	水に難溶	ピレスロイド系
3	固体	水に易溶	有機燐系
4	液体	水に易溶	ピレスロイド系
5	液体	水に易溶	有機燐系

問47 クロルピクリン

	形状	溶解性	その他特徴
1	液体	水に難溶	催涙性
2	液体	水に易溶	引火性
3	固体	水に難溶	引火性
4	固体	水に難溶	催涙性
5	固体	水に易溶	引火性

問48 1-(6-クロロ-3-ピリジルメチル)-N-ニトロイミダゾリジン-2-イリデンアミン(別名 イミダクロプリド)

	形状	溶解性	その他特徴
1	液体	水に難溶	弱い特異臭
2	液体	水に難溶	強い刺激臭
3	液体	水に易溶	強い刺激臭
4	固体	水に難溶	弱い特異臭
5	固体	水に易溶	強い刺激臭

問49 メチル-N'・N'-ジメチル-N-[(メチルカルバモイル)オキシ]-1-チオオキサムイミデート(別名 オキサミル)

	形状	溶解性	その他特徴
1	固体	水に可溶	強い刺激臭
2	固体	水に可溶	わずかな硫黄臭
3	液体	水に不溶	わずかな硫黄臭
4	液体	水に可溶	強い刺激臭
5	液体	水に不溶	強い刺激臭

問50 塩素酸ナトリウム

	形状	溶解性	その他特徴
1	液体	水に難溶	潮解性
2	液体	液体	風解性
3	固体	水に難溶	潮解性
4	固体	水に易溶	風解性
5	固体	水に易溶	潮解性

（特定品目）

問 36　次のうち、すべてが「毒物劇物特定品目販売業者」が販売できるものである組合せを1～5から一つ選べ。

1　キシレン、トルエン、ニトロベンゼン
2　亜セレン酸ナトリウム、硅弗化ナトリウム、ナトリウム
3　塩化ホスホリル、クロロホルム、四塩化炭素
4　酢酸エチル、フェノール、メチルエチルケトン
5　クロム酸カリウム、酸化鉛、重クロム酸アンモニウム

問 37　次の物質を含有する製剤で、劇物の指定から除外される上限の濃度について、正しい組合せを1～5から一つ選べ。

<物質名>　アンモニア、塩化水素、クロム酸鉛、水酸化カリウム

	アンモニア	塩化水素	クロム酸鉛	水酸化カリウム
1	10 %	10 %	50 %	10 %
2	10 %	5 %	70 %	10 %
3	10 %	10 %	70 %	5 %
4	5 %	10 %	50 %	5 %
5	5 %	5 %	50 %	10 %

問 38　「毒物及び劇物の廃棄の方法に関する基準」に基づく、次の物質の廃棄方法として、燃焼法による廃棄が適切でないものはいくつあるか。1～5から一つ選べ。

a　過酸化水素　　　b　酸化第二水銀(酸化水銀(Ⅱ))　　c　蓚酸
d　メタノール　　　e　四塩化炭素

1　1つ　　　2　2つ　　　3　3つ　　　4　4つ　　　5　5つ

問 39　「毒物及び劇物の廃棄の方法に関する基準」に基づく、次の物質の廃棄方法の記述について、適切なものの組合せを1～5から一つ選べ。

a　アンモニアは、過剰の可燃性溶剤又は重油等の燃料とともに、アフターバーナー及びスクラバーを備えた焼却炉の火室へ噴霧してできるだけ高温で焼却する。
b　塩素は、多量のアルカリ水溶液(石灰乳又は水酸化ナトリウム水溶液等)中に吹き込んだ後、多量の水で希釈して処理する。
c　硅弗化ナトリウムは、希硫酸に溶かし、硫酸鉄(Ⅱ)等の還元剤の水溶液を過剰に用いて還元したのち、水酸化カルシウム(消石灰)、炭酸ナトリウム(ソーダ灰)等の水溶液で処理し、沈殿ろ過する。溶出試験を行い、溶出量が判定基準以下であることを確認して埋立処分する。
d　硫酸は、徐々に石灰乳等の撹拌かくはん溶液に加え中和させた後、多量の水で希釈して処理する。

1 (a、b)　　　2 (a、c)　　　3 (a、d)　　　4 (b、d)　　　5 (c、d)

問 40 「毒物及び劇物の運搬事故時における応急措置に関する基準」に基づく、次の物質の飛散又は漏えい時の措置として、該当する物質名との最も適切な組合せを1〜5から一つ選べ。
なお、作業にあたっては、風下の人を避難させる、飛散又は漏えいした場所の周辺にはロープを張るなどして人の立入りを禁止する、作業の際には必ず保護具を着用する、風下で作業しない、廃液が河川等に排出されないように注意する、付近の着火源となるものは速やかに取り除く、などの基本的な対応を行っているものとする。

<物質名> 塩酸、キシレン、クロム酸鉛、メタノール

a 少量の場合、土砂等で吸着させて取り除くか、又はある程度水で徐々に希釈した後、水酸化カルシウム(消石灰)、炭酸ナトリウム(ソーダ灰)等で中和し、多量の水を用いて洗い流す。
b 飛散したものは空容器にできるだけ回収し、そのあとを多量の水を用いて洗い流す。
c 多量の場合、土砂等でその流れを止め、安全な場所に導き、液の表面を泡で覆い、できるだけ空容器に回収する。
d 少量の場合、多量の水で十分に希釈して洗い流す。

	a	b	c	d
1	塩酸	クロム酸鉛	キシレン	メタノール
2	塩酸	メタノール	キシレン	クロム酸鉛
3	キシレン	クロム酸鉛	塩酸	メタノール
4	クロム酸鉛	キシレン	メタノール	塩酸
5	クロム酸鉛	メタノール	塩酸	キシレン

問 41 次の劇物とその用途の正誤について、正しい組合せを下表から一つ選べ。

	物質	用途
a	ホルマリン	フィルムの硬化、人造樹脂等の製造
b	重クロム酸ナトリウム	釉薬、防腐剤
c	酢酸エチル	溶剤、香料

	a	b	c
1	正	正	正
2	正	誤	正
3	正	誤	誤
4	誤	正	誤
5	誤	誤	正

問 42 次の物質の用途について、該当する物質名との最も適切な組合せを1〜5から一つ選べ。

<物質名> 塩素、二酸化鉛、メチルエチルケトン

a 溶剤や有機合成原料　　b 電池の製造
c 乾燥剤、肥料の製造　　d 紙・パルプの漂白剤、殺菌剤

	塩素	二酸化鉛	メチルエチルケトン
1	a	c	d
2	b	d	c
3	b	c	a
4	d	b	a
5	d	b	c

問 43 次の物質の毒性に関する記述について、誤っているものを1〜5から一つ選べ。
1 水酸化カリウムは、皮膚に対する腐食性が強い。
2 塩酸が直接皮膚に触れると、やけどを起こす。
3 硝酸の高濃度の蒸気を吸入すると、肺水腫を起こすことがある。
4 硫酸が眼に入った場合、粘膜を激しく刺激し、失明することがある。
5 過酸化水素水の蒸気を吸入した場合、深い麻酔状態に陥る。

問 44 次の物質とその毒性に関する記述の正誤について、正しい組合せを1〜5から一つ選べ。

	物質	毒性
a	クロロホルム	吸入すると、強い麻酔作用があり、めまい、頭痛、吐き気を感じる。
b	硅弗化ナトリウム	吸入すると、口と食道が赤黄色に染まり、のち青緑色に変化する。腹部が痛くなり、緑色のものを吐き出し、血の混じった便をする。
c	四塩化炭素	吸入すると、酩酊や頭痛、視神経が侵されることから、眼のかすみなどを起こす。

	a	b	c
1	正	正	誤
2	誤	正	正
3	正	誤	誤
4	正	誤	正
5	誤	誤	正

問 45 次の物質の貯蔵方法に関する記述について、該当する物質名との最も適切な組合せを1〜5から一つ選べ。

<物質名> アンモニア水、キシレン、クロロホルム、水酸化カリウム

a 引火しやすく、また、その蒸気は空気と混合して爆発性混合ガスとなるので、火気を避けて保管する。
b 二酸化炭素と水を強く吸収するので、密栓をして保管する。
c 少量ならば褐色ガラス瓶、大量ならばカーボイなどを使用し、3分の1の空間を保って貯蔵する。
d 純品は空気と日光によって変質するため、少量のアルコールを加えて、冷暗所に保管する。
e 揮発しやすいので、密栓をして保管する。

	アンモニア水	キシレン	クロロホルム	水酸化カリウム
1	c	a	d	b
2	d	b	c	e
3	d	b	a	e
4	e	a	d	b
5	e	c	a	b

問 46 次の記述について、適切なものの組合せを1〜5から一つ選べ。
a 水酸化ナトリウム水溶液は、アルミニウム、スズ、亜鉛などの金属を腐食して水素ガスを発生する。
b 重クロム酸ナトリウムは、風解性をもつ橙色の結晶である。
c 塩化水素は、常温、常圧において刺激臭を有する黄緑色の気体である。
d 一酸化鉛は、黄色から赤色を呈する重い粉末で、水に不溶である。

1 (a、b)　　2 (a、d)　　3 (b、c)　　4 (b、d)　　5 (c、d)

問47 次の記述について、適切なものの組合せを1～5から一つ選べ。

a クロム酸鉛は、黄色から赤黄色の粉末で、酸、アルカリに可溶であるが、酢酸、アンモニア水には不溶である。
b 塩素は、窒息性臭気を有する不燃性の気体である。
c 過酸化水素は不安定な化合物であり、常温において徐々に酸素と水素に分解する。
d クロロホルムは、無色の揮発性液体で、水とよく混和する。

1 (a、b)　　2 (a、d)　　3 (b、c)　　4 (b、d)　　5 (c、d)

問48 次の記述について、適切なものの組合せを1～5から一つ選べ。

a 酢酸エチルは、可燃性の液体で、その蒸気は空気より軽い。
b 酸化第二水銀(別名 酸化水銀(Ⅱ))を強熱すると、有毒な煙霧及びガスを生成する。
c 硅弗化ナトリウムは、黄色の粉末で、水に易溶である。
d 硝酸は、金、白金、白金族以外の諸金属を溶解する。

1 (a、b)　　2 (a、c)　　3 (a、d)　　4 (b、d)　　5 (c、d)

問49 次の記述について、適切なものの組合せを1～5から一つ選べ。

a トルエンの蒸気は、空気と混合すると爆発性混合気体となる。
b 一酸化鉛を強熱すると、金属鉛を生成する。
c クロム酸ナトリウムは、水に難溶の酸化剤である。
d ホルマリンは、刺激臭のある無色透明な液体である。

1 (a、b)　　2 (a、d)　　3 (b、c)　　4 (b、d)　　5 (c、d)

問50 次の物質の識別方法に関する記述について、該当する物質名との最も適切な組合せを1～5から一つ選べ。

<物質名> 蓚酸、ホルマリン、四塩化炭素、硫酸

a アンモニア水を加え、さらに硝酸銀溶液を加えると、徐々に金属銀が析出する。
b 水溶液をアンモニア水で弱アルカリ性にして塩化カルシウムを加えると、白色沈殿を生成する。
c アルコール性の水酸化カリウムと銅粉とともに煮沸すると、黄赤色の沈殿を生成する。
d 希釈水溶液に塩化バリウムを加えると白色の沈殿を生じるが、この沈殿は塩酸や硝酸に不溶である。

	a	b	c	d
1	四塩化炭素	蓚酸	ホルマリン	硫酸
2	四塩化炭素	ホルマリン	硫酸	蓚酸
3	硫酸	四塩化炭素	ホルマリン	蓚酸
4	ホルマリン	硫酸	四塩化炭素	蓚酸
5	ホルマリン	蓚酸	四塩化炭素	硫酸

〔取扱・実地〕

奈良県

【令和2年度実施】

(注)特定品目はありません

(一般)

問 41　塩素酸ナトリウムに関する記述について、**正しいものの組み合わせ**を1つ選びなさい。

a　無色無臭の無色の正方単斜状の結晶である。
b　水に溶けにくく、風解性がある。
c　有機物、金属粉などの可燃物が混在すると、加熱、摩擦または衝撃により爆発する。
d　殺虫剤として用いられる。

　1 (a、b)　　　2 (a、c)　　　3 (b、d)　　　4 (c、d)

問 42　ジエチルパラニトロフエニルチオホスフエイト(別名：パラチオン)に関する記述について、**正しいものの組み合わせ**を1つ選びなさい。

a　5％以下を含有する製剤は、特定毒物ではない。
b　純品は、無色あるいは淡黄色の液体であるが、通常は褐色の液体で、特異の臭気があり、アセトン、エーテル、アルコール等に溶ける。
c　カーバメイト系の殺虫剤である。
d　毒性は極めて強く、頭痛、めまい、吐気、発熱、麻痺、痙攣等の中毒症状をおこす。

　1 (a、b)　　　2 (a、c)　　　3 (b、d)　　　4 (c、d)

問 43 ～ 46　次の物質の性状について、**最も適当なもの**を1つずつ選びなさい。

　問 43　黄燐　　問 44　クレゾール　　問 45　ジメチル硫酸　　問 46　セレン

1　灰色の金属光沢を有するペレットまたは黒色の粉末。融点 217 ℃。水に不溶。硫酸、二硫化炭素に可溶。
2　オルトおよびパラ異性体は無色の結晶。メタ異性体は無色または淡褐色の液体。フェノール様の臭いがある。アルコール、エーテルに可溶。水に不溶。
3　無色の油状液体で、刺激臭はない。沸点 188 ℃。水に不溶。水との接触で、徐々に加水分解する。
4　白色または淡黄色のロウ様半透明の結晶性固体。ニンニク臭がある。空気中では非常に酸化されやすく、放置すると 50 ℃で発火する。
5　淡黄色の光沢のある小葉状あるいは針状結晶。融点 122 ℃。発火点 320 ℃。徐々に熱すると昇華するが、急熱あるいは衝撃により爆発する。

問 47 〜 50　次の物質の毒性について、**最も適当なもの**を１つずつ選びなさい。

　　問 47　エチルパラニトロフエニルチオノベンゼンホスホネイト(別名：EPN)

　　問 48　キシレン　　問 49　トルイレンジアミン　　問 50　燐化亜鉛

1　コリンエステラーゼと結合しその働きを阻害するため、神経終末にアセチルコリンが過剰に蓄積して、ムスカリン様症状、ニコチン様症状、中枢神経症状が出現する。
2　嚥下吸入したときに、胃および肺で胃酸や水と反応してホスフィンを生成し、中毒症状を呈する。吸入した場合、頭痛、吐き気等の症状を起こす。
3　吸人すると、鼻、のどを刺激する。高濃度で興奮、麻酔作用がある。
4　著明な肝臓毒で、脂肪肝を起こす。また、皮膚に触れると、皮膚炎(かぶれ)を起こす。
5　皮膚や粘膜につくと火傷を起こし、その部分は白色となる。経口摂取した場合には口腔、咽喉、胃に高度の灼熱感を訴え、悪心、嘔吐、めまいを起こし、失神、虚脱、呼吸麻痺で倒れる。尿は特有の暗赤色を呈する。

問 51 〜 55　次の物質の廃棄方法に関する記述について、**最も適当なもの**を１つずつ選びなさい。

　　問 51　アクリルアミド　　問 52　クロルピクリン　　問 53　シアン化水素
　　問 54　酒石酸アンチモニルカリウム　　問 55　ヒ素

1　アフターバーナーを備えた焼却炉で焼却する。水溶液の場合は、おが屑等に吸収させて同様に処理する。
2　水に溶かし、希硫酸を加えて酸性にし、硫化ナトリウム水溶液を加えて沈殿させ、濾過して埋立処分する。
3　多量のアルカリ水溶液に撹拌しながら少量ずつ加えて、徐々に加水分解させたあと、希硫酸を加えて中和する。
4　スクラバーを備えた焼却炉の火室に噴霧して、できるだけ高温で焼却する。
5　セメントを用いて固化し、溶出試験を行い、溶出量が判定基準以下であることを確認して埋立処分する。
6　少量の界面活性剤を加えた亜硫酸ナトリウムと炭酸ナトリウムの混合溶液中で、撹拌し分解させた後、多量の水で希釈して処理する。

問 56 〜 60　次の物質の漏えい又は飛散した場合の措置として、**最も適当なもの**を１つずつ選びなさい。

　　問 56　クロム酸ナトリウム　　問 57　硝酸銀　　問 58　二硫化炭素
　　問 59　ブロムメチル　　問 60　メチルエチルケトン

1　飛散したものは、空容器にできるだけ回収し、そのあとを食塩水を用いて塩化物とし、多量の水を用いて洗い流す。
2　飛散したものは、空容器にできるだけ回収し、そのあとを還元剤(硫酸第一鉄等)の水溶液を散布し、水酸化カルシウム、炭酸ナトリウム等の水溶液を用いて処理した後、多量の水で洗い流す。
3　飛散したものは、速やかに掃き集めて空容器に回収し、そのあとを多量の水を用いて洗い流す。
4　多量に漏えいした場合、漏えいした液は、土砂等でその流れを止め、液が広がらないようにして蒸発させる。
5　多量に漏えいした場合、漏えいした液は、土砂等でその流れを止め、安全な場所に導き、水で覆った後、土砂等に吸着させて空容器に回収し、水封後密栓する。そのあとを多量に水を用いて洗い流す。
6　多量に漏えいした場合、漏えいした液は、土砂等でその流れを止め、安全な場所に導き、液の表面を泡で覆い、できるだけ空容器に回収する。

（農業用品目）

問 41　次の毒物又は劇物のうち、毒物劇物農業用品目販売業者が販売できるものとして、**正しいものの組み合わせ**を 1 つ選びなさい。

　a　塩素　　b　塩化水素　　c　ニコチン　　d　硫酸タリウム

　1 (a、b)　　　2 (a、c)　　　3 (b、d)　　　4 (c、d)

問 42 〜 44　次の物質を含有する製剤で、毒物としての指定から除外される上限濃度について、**正しいもの**を 1 つずつ選びなさい。

　問 42　Ｏ－エチル－Ｏ－（２－イソプロポキシカルボニルフエニル）－Ｎ－イソプロピルチオホスホルアミド(別名：イソフエンホス)
　問 43　２・３－ジシアノ－１・４－ジチアアントラキノン(別名：ジチアノン)
　問 44　２－ジフエニルアセチル－１・３－インダンジオン

　1　0.005 ％　　2　0.5 ％　　3　5 ％　　4　10 ％　　5　50 ％

問 45 〜 47　次の物質の鑑別方法について、**最も適当なもの**を 1 つずつ選びなさい。

　問 45　塩化亜鉛　　　　問 46　クロルピクリン
　問 47　燐化アルミニウムとその分解促進剤とを含有する製剤

　1　本薬物より生成された気体は、5 〜 10 ％硝酸銀溶液を吸着させた濾紙を黒変することにより存在を確認する。
　2　水に溶かし、硝酸銀を加えると、白色の沈殿物を生ずる。
　3　水溶液に金属カルシウムを加え、これにベタナフチルアミン及び硫酸を加えると、赤色の沈殿物を生ずる。
　4　水酸化ナトリウム及び過マンガン酸カリウムを加えて加熱し、発生した気体は、潤したヨウ化カリウムデンプン紙を青変する。

問 48 〜 51　次の物質の用途について、**最も適当なもの**を 1 つずつ選びなさい。

　問 48　ナラシン　　　　問 49　沃化メチル
　問 50　エチル＝(Z)－３－〔Ｎ－ベンジル－Ｎ－〔〔メチル(１－メチルチオエチリデンアミノオキシカルボニル)アミノ〕チオ〕アミノ〕プロピオナート
　問 51　２－メチリデンブタン二酸(別名：メチレンコハク酸)

　1　ガス殺菌剤　　　　2　害虫を防除する農薬　　　3　飼料添加物
　4　摘花、摘果剤　　　5　除草剤

問 52 〜 54　次の物質の漏えい又は飛散した場合の措置として、**最も適当なもの**を 1 つずつ選びなさい。

　問 52　１・１′－ジメチル－４・４′－ジピリジニウムジクロリド
　問 53　ブロムメチル
　問 54　Ｓ－メチル－Ｎ－〔(メチルカルバモイル)－オキシ〕－チオアセトイミデート(別名：メトミル)

　1　飛散したものは空容器にできるだけ回収し、そのあとを水酸化カルシウム等の水溶液を用いて処理し、多量の水で洗い流す。
　2　飛散したものは空容器にできるだけ回収し、そのあとを硫酸鉄(Ⅲ)等の水溶液を散布し、水酸化カルシウム、炭酸ナトリウム等の水溶液を用いて処理した後、多量の水で洗い流す。
　3　漏えいした液が多量の場合は、土砂等でその流れを止め、液が広がらないようにして蒸発させる。
　4　漏えいした液は、土壌などでその流れを止め、安全な場所に導き、空容器にできるだけ回収し、そのあとを土壌で覆って十分に接触させた後、土壌を取り除き、多量の水で洗い流す。

問 55 ～ 57　次の物質の廃棄方法について、**最も適当なもの**を1つずつ選びなさい。

　　問 55　塩素酸カリウム
　　問 56　ジメチル－4－メチルメルカプト－3－メチルフエニルチオホスフエイト
　　問 57　硫酸第二銅

　1　おが屑等に吸収させてアフターバーナー及びスクラバーを備えた焼却炉で焼却
　　する。
　2　還元剤の水溶液に希硫酸を加えて酸性にし、この中に少量ずつ投入する。反応
　　終了後、反応液を中和し多量の水で希釈して処理する。
　3　水に溶かし、希硫酸を加えて中和し、沈殿濾過して埋立処分する。
　4　水に溶かし、水酸化カルシウム、炭酸ナトリウム等の水溶液を加えて処理し、
　　沈殿濾過して埋立処分する。

問 58 ～ 60　次の物質の毒性について、**最も適当なもの**を1つずつ選びなさい。

　　問 58　エチレンクロルヒドリン　　　問 59　アンモニア
　　問 60　ブラストサイジンS

　1　猛烈な神経毒であり、急性中毒では、よだれ、吐気、悪心、嘔吐があり、次い
　　で脈拍緩徐不整となり、発汗、瞳孔縮小、意識喪失、呼吸困難、痙攣をきたす。
　2　主な中毒症状は、振戦、呼吸困難である。本毒は、肝臓に核の膨大及び変性、
　　腎臓には糸球体、細尿管のうっ血、脾臓には脾炎が認められる。また、散布に際
　　して、眼刺激性が特に強いので注意を要する。
　3　すべての露出粘膜に刺激性を有し、せき、結膜炎、口腔、鼻、咽喉粘膜の発赤
　　をきたす。
　4　皮膚から容易に吸収され、全身中毒症状を引き起こす。中枢神経系、肝臓、腎
　　臓、肺に著明な障害を引き起こす。

奈良県
【令和３年度実施】
(注)特定品目はありません

（一般）

問 41 ホスゲンに関する記述について、**正しいものの組み合わせ**を１つ選びなさい。

a 緑黄色の気体である。
b ベンゼン、トルエン、酢酸に溶ける。
c 水により徐々に分解され、二酸化炭素と燐化水素が発生する。
d 樹脂、染料の原料に用いられる。

1（a、b）　　2（a、c）　　3（b、d）　　4（c、d）

問 42 一水素二弗化アンモニウムに関する記述について、**正しいものの組み合わせ**を１つ選びなさい。

a 無色斜方又は正方晶結晶で、水に溶ける。
b 水溶液はアルカリ性で、ガラス瓶に保管する。
c 目に入ると、粘膜が侵され、失明することがある。
d 臭いは無く、風解性である。

1（a、b）　　2（a、c）　　3（b、d）　　4（c、d）

問 43 ～ 46 次の物質の性状等について、**最も適当なもの**を１つずつ選びなさい。

問 43 アクリルニトリル
問 44 ジメチルジチオホスホリルフエニル酢酸エチル
問 45 臭素
問 46 トルエン

1 微刺激臭のある無色透明の液体であり、火災、爆発の危険性が強い。
2 赤褐色、揮発性の刺激臭を発する重い液体で、アルコール、エーテル、水に可溶。
3 芳香性刺激臭を有する赤褐色、油状の液体で、水、プロピレングリコールに不溶。
4 無色透明、可燃性のベンゼン様の臭気がある液体である。
5 無色または淡黄色の液体であり、皮膚刺激性がある。

問 47 ～ 50 次の物質の毒性について、**最も適当なもの**を１つずつ選びなさい。

問 47 アニリン　　**問 48** クロロホルム　　**問 49** スルホナール
問 50 弗化水素酸

1 嚥下吸入したときに、胃および肺で胃酸や水と反応してホスフィンを生成し、中毒症状を呈する。吸入した場合、頭痛、吐き気等の症状を起こす。
2 蒸気の吸入や皮膚からの吸収により血液に作用してメトヘモグロビンが形成され、急性中毒では、顔面、口唇、指先などにチアノーゼが現れる。
3 皮膚に触れた場合、激しい痛みを感じて、著しく腐食される。
4 脳の節細胞を麻酔させ、赤血球を溶解する。吸収すると、はじめは嘔吐、瞳孔の縮小、運動性不安が現れ、ついで脳及びその他の神経細胞を麻酔させる。
5 嘔吐、めまい、胃腸障害、腹痛、下痢または便秘などを起こし、運動失調、麻痺、腎臓炎、尿量減退、ポルフィリン尿として現れる。

問 51 〜 54　次の物質の用途について、**最も適当なもの**を１つずつ選びなさい。

問 51　亜硝酸ナトリウム
問 52　エチルジフエニルジチオホスフエイト
問 53　四塩化炭素
問 54　（１R・２S・３R・４S）−７−オキサビシクロ［２・２・１］ヘプタン
　　　−２・３−ジカルボン酸(別名：エンドタール)

1　有機燐殺菌剤として使用される。
2　工業用にジアゾ化合物製造用、染色工場の顕色剤に使用される。
3　スズメノカタビラの除草に使用される。
4　洗浄剤及び種々の清浄剤の製造、引火性の弱いベンジンの製造などに応用され、また、化学薬品として使用される。
5　稲のツマグロヨコバイ、ウンカ類の駆除に使用される。

問 55 〜 57　次の物質の貯蔵方法に関する記述について、**最も適当なもの**を１つずつ選びなさい。

問 55　シアン化水素　　問 56　沃素　　問 57　黄燐

1　亜鉛または錫メッキをした鋼鉄製容器で保管し、高温に接しない場所に保管する。ドラム缶で保管する場合は、雨水が漏入しないようにし、直射日光を避け冷所に置く。本品の蒸気は空気より重く、低所に滞留するので、地下室など換気の悪い場所には保管しない。
2　少量ならば褐色ガラス瓶を用い、多量ならば銅製シリンダーを用いる。日光および加熱を避け、風通しのよい冷所に置く。極めて猛毒であるため、爆発性、燃焼性のものと隔離する。
3　空気にふれると発火しやすいので、水中に沈めて瓶に入れ、さらに砂をいれた缶中に固定して、冷暗所に保管する。
4　容器は、気密容器を用い、通風のよい冷所に保管する。腐食されやすい金属、濃塩酸、アンモニア水、テレビン油などは、なるべく引き離しておく。

問 58 〜 60　次の物質の漏えい又は飛散した場合の措置として、**最も適当なもの**を１つずつ選びなさい。

問 58　キシレン
問 59　クロルピクリン
問 60　２−イソプロピル−４−メチルピリミジル−６−ジエチルチオホスフエイト(別名：ダイアジノン)

1　付近の着火源となるものを速やかに取り除く。漏えいした液は土砂等でその流れを止め、安全な場所に導き、空容器にできるだけ回収し、そのあとを水酸化カルシウム等の水溶液を用いて処理し、中性洗剤等の界面活性剤を使用し、多量の水で洗い流す。
2　水酸化カルシウムを十分に散布して吸収させる。多量にガスが噴出した場所には、遠くから霧状の水をかけて吸収させる。
3　多量の場合、土砂等でその流れを止め、安全な場所に導き、液の表面を泡で覆いできるだけ空容器に回収する。
4　少量の場合、布で拭き取るか、又はそのまま風にさらして蒸発させる。多量の場合、土砂等でその流れを止め、多量の活性炭又は水酸化カルシウムを散布して覆い、至急関係先に連絡し専門家の指示により処理する。

（農業用品目）

問 41　次の毒物及び劇物のうち、農業用品目販売業者が販売できるものとして、**正しいものの組み合わせ**を１つ選びなさい。

a　アバメクチン　　b　水酸化ナトリウム　　c　塩化亜鉛
d　亜硝酸メチル

1（a、b）　　2（a、c）　　3（b、d）　　4（c、d）

問 42 ～ 44　次の物質を含有する製剤で、劇物としての指定から除外される上限濃度について、**正しいもの**を１つずつ選びなさい。

問 42　O－エチル＝S－１－メチルプロピル＝（２－オキソ－３－チアゾリジニル）ホスホノチオアート（別名：ホスチアゼート）
問 43　硫酸
問 44　エマメクチン

1　0.5％　　2　1.5％　　3　2％　　4　10％　　5　50％

問 45 ～ 47　次の物質の鑑別方法について、**最も適当なもの**を１つずつ選びなさい。

問 45　ニコチン　　**問 46**　硫酸第二銅　　**問 47**　塩素酸カリウム

1　本品の硫酸酸性水溶液にピクリン酸溶液を加えると、黄色結晶を沈殿する。
2　本品の水溶液に酒石酸を多量に加えると、白色の結晶を生成する。
3　本品の水溶液に金属カルシウムを加え、これにベタナフチルアミン及び硫酸を加えると、赤色の沈殿を生成する。
4　本品を水に溶かして硝酸バリウムを加えると、白色の沈殿を生成する。

問 48 ～ 50　次の物質の貯蔵方法として、**最も適当なもの**を１つずつ選びなさい。

問 48　ブロムメチル　　**問 49**　ロテノン　　**問 50**　シアン化カリウム

1　少量ならばガラス瓶、多量ならばブリキ缶または鉄ドラムを用い、酸類とは離して、風通しのよい乾燥した冷所に密封して保存する。
2　酸素によって分解し、効力を失うので、空気と光線を遮断して貯蔵する。
3　常温では気体なので圧縮冷却して液化し、圧縮容器に入れ、直射日光その他温度上昇の原因を避けて、冷暗所に貯蔵する。
4　引火しやすく、また、その蒸気は空気と混合して爆発性の混合ガスとなるので火気を避けて貯蔵する。

問 51 ～ 52　次の物質の用途について、**最も適当なもの**を１つずつ選びなさい。

問 51　２－クロル－１－（２・４－ジクロルフエニル）ビニルジメチルホスフエイト
問 52　（１R・２S・３R・４S）－７－オキサビシクロ［２・２・１］ヘプタン－２・３－ジカルボン酸（別名：エンドタール）

1　スズメノカタビラの除草に用いる。
2　稲のイモチ病に用いる。
3　稲のニカメイチュウ、キャベツのアオムシ等の殺虫剤として用いる。

問 53 〜 55　次の物質の漏えい又は飛散した場合の措置として、**最も適当なものを 1 つずつ選びなさい。**

　問 53　燐化亜鉛

　問 54　クロルピクリン

　問 55　2 −イソプロピル− 4 −メチルピリミジルー 6 −ジエチルチオホスフエイト
　　　　（別名：ダイアジノン）

1　付近の着火源となるものを速やかに取り除く。漏えいした液は土砂等でその流れを止め、安全な場所に導き、空容器にできるだけ回収し、そのあとを水酸化カルシウム等の水溶液を用いて処理し、中性洗剤等の界面活性剤を使用し、多量の水で洗い流す。

2　飛散したものは、表面を速やかに土砂等で覆い、密閉可能な空容器にできるだけ回収して密閉する。汚染された土砂等も同様の措置をし、そのあとを多量の水で洗い流す。

3　飛散したものは、空容器にできるだけ回収する。砂利等に付着している場合は、砂利等を回収し、そのあとに水酸化ナトリウム、炭酸ナトリウム等の水溶液を散布してアルカリ性（ p H 11 以上）とし、さらに酸化剤（次亜塩素酸ナトリウム、さらし粉等）の水溶液で酸化処理を行い、多量の水で洗い流す。

4　少量の場合、漏えいした液は布で拭き取るか、またはそのまま風にさらして蒸発させる。多量の場合、漏えいした液は土砂等でその流れを止め、多量の活性炭または水酸化カルシウムを散布して覆い、至急関係先に連絡し専門家の指示により処理する。

問 56 〜 57 次の物質及び製剤の廃棄方法について、**最も適当なものを 1 つずつ選びな
さい。**

　問 56　ジメチル− 2・2 −ジクロルビニルホスフエイト（別名：DDVP）

　問 57　燐化アルミニウムとその分解促進剤とを含有する製剤

1　多量の次亜塩素酸ナトリウムと水酸化ナトリウムの混合水溶液を攪拌しながら少量ずつ加えて酸化分解する。過剰の次亜塩素酸ナトリウムをチオ硫酸ナトリウム水溶液等で分解した後、希硫酸を加えて中和し、沈殿濾過する。

2　還元剤の水溶液に希硫酸を加えて酸性にし、この中に少量ずつ投入する。反応終了後、反応液を中和し多量の水で希釈して処理する。

3　10 倍量以上の水と攪拌しながら加熱還流して加水分解し、冷却後、水酸化ナトリウム等の水溶液で中和する。

問 58 〜 60　次の物質の毒性について、**最も適当なものを 1 つずつ選びなさい。**

　問 58　モノフルオール酢酸ナトリウム

　問 59　硫酸タリウム

　問 60　沃化メチル

1　疝痛、嘔吐、振戦、痙攣、麻痺等の症状に伴い、次第に呼吸困難となり、虚脱症状となる。

2　中枢神経系の抑制作用及び肺の刺激症状が現れる。皮膚に付着して蒸発が阻害された場合には発赤、水疱が見られる。

3　激しい嘔吐、胃の疼痛、意識混濁、てんかん性痙攣、脈拍の緩徐、チアノーゼ、血圧下降。心機能の低下により死亡する場合もある。

4　皮膚から容易に吸収され、全身中毒症状を引き起こす。中枢神経系、肝臓、腎臓、肺に著明な障害を引き起こす。

奈良県
【令和4年度実施】
※特定品目はありません。

（一般）

問41 フェノールに関する記述について、**正しいものの組み合わせ**を1つ選びなさい。

- a 防腐剤として用いられる。
- b アルコールに不溶である。
- c 空気中で容易に赤変する。
- d 無色又は白色の液体である。

1（a、b）　　2（a、c）　　3（b、d）　　4（c、d）

問42 アニリンに関する記述について、**正しいものの組み合わせ**を1つ選びなさい。

- a エーテルには溶けにくいが、水にはよく溶ける。
- b 無色透明の油状の液体で特有の臭気があり、空気に触れて赤褐色を呈する。
- c 中毒症状としては、呼吸器系を激しく刺激し、粘膜に作用して気管支炎や結膜炎をおこさせる。
- d 染料等の製造原料である。

1（a、b）　　2（a、c）　　3（b、d）　　4（c、d）

問43〜46 次の物質の性状等について、**最も適当なもの**を1つずつ選びなさい。

　問43 塩素　　問44 シアン化ナトリウム　　問45 硫酸　　問46 ロテノン

1 白色の粉末、粒状またはタブレットの固体。酸と反応すると有毒でかつ引火性のガスを発生する。水溶液は強アルカリ性である。
2 斜方六面体結晶。水にほとんど不溶。ベンゼン、アセトンに可溶、クロロホルムに易溶である。
3 常温においては窒息性臭気をもつ黄緑色気体。冷却すると黄色溶液を経て黄白色固体となる。
4 無色透明、油様の液体であるが、粗製のものは、しばじば有機質が混じって、かすかに褐色を帯びていることがある。濃いものは猛烈に水を吸収する。
5 無色、ニンニク臭の気体。空気中では常温でも徐々に分界する。

問47〜50 次の物質の毒性について、**最も適当なもの**を1つずつ選びなさい。

　問47 四塩化炭素　　問48 メタノール　　問49 シアン化水素
　問50 ニコチン

1 揮発性の蒸気の吸入によることが多く、症状は、はじめ頭痛、悪心等をきたし、また黄疸のように角膜が黄色となり、しだいに尿毒症様を呈し、重症なときは死ぬことがある。
2 頭痛、めまい、嘔吐、下痢等を起こし、致死量に近ければ麻酔状態になり、視神経が侵され、眼がかすみ、ついには失明することがある。
3 希薄な蒸気でも吸入すると、呼吸中枢を刺激し、次いで麻痺させる。
4 誤って嚥下はて場合には、消化器障害、ショックのほか、数日遅れて肝臓、腎臓、肺等の機能障害を起こすことがある。
5 猛烈な神経毒で、急性中毒では、よだれ、吐き気、悪心、嘔吐があり、次いで脈拍緩徐不整となり、発汗、瞳孔縮小、呼吸困難、痙攣をきたす。

問51 ～ 54 次の物質の用途について、**最も適当なもの**を1つずつ選びなさい。

問51 酢酸エチル
問52 塩化亜鉛
問53 1，1'－ジメチル－4，4'－ジピリジニウムヒドロキシド
問54 1・1'－イミノジ(オクタメチレン)ジグアニジン(別名：イミノクタジン)

1 脱水剤、木材防腐剤、活性痰の原料、乾電池材料、脱臭剤、染料安定剤として
使用される。
2 香料、溶剤に使用される。
3 除草剤に使用される。
4 冶金、鍍金、写真用、果樹の殺虫剤として使用される。
5 果樹の腐らん病、芝の葉枯れ病の殺菌に使用される。

問55 ～ 57 次の物質の貯蔵方法に関する記述について、**最も適当なもの**を1つずつ
選びなさい。

問55 ピクリン酸　　問56 過酸化水素水　　問57 クロロホルム

1 少量ならば褐色ガラス瓶を用い、大量ならばカーボイ等を使用し、3分の1の
空間を保って貯蔵する。直射日光を避け、冷所に、有機物、金属塩、樹脂、油類、
その他有機性蒸気を放出する物質と引き離して貯蔵する。
2 空気に触れると発火しやすいので、水中に沈めて瓶に入れ、さらに砂を入れた
た缶中に固定して、冷暗所に保管する。
3 純品は空気と日光によって変質するので、少量のアルコールを加えて分解を防
止し、冷暗所に貯える。
4 火気に対して安全で隔離された場所に、硫黄、ヨード、ガソリン、アルコール
等と離して保管する。金属容器を使用しない。

問58 ～ 60 次の物質の漏えいした場合の措置として、**最も適当なもの**を1つずつ選
びなさい。

問58 ジメチル硫酸　　問59 ニトロベンゼン
問60 ニツケルカルボニル

1 漏えいした液が少量の場合は、アルカリ水溶液で分解した後、多量の水を用い
て洗い流す。
2 着火源を速やかに取り除き、漏えいした液は、水で覆った後、土砂等に吸着さ
せ、空容器に無回収し、水封後密栓する。
3 漏えいした液が少量の場合は、多量の水を用いて洗い流すか、土砂、おがくず
等に吸着させて空容器に回収し、安全な場所で焼却する。
4 漏えいした場所及び漏えいした液には消石灰(水酸化カルシウム)を十分に散布
して吸収させる。

（農業用品目）
問41 次の毒物及び劇物のうち、農業用品目販売業者が販売できるものとして、**正し
いものの組み合わせ**を1つ選びなさい。

a　メタノール　　b　ナラシン　　c　硝酸　　　d　塩素酸ナトリウム

1(a、b)　　2(a、c)　　3(b、d)　　4(c、d)

問 42 〜 44 次の物質を含有する製剤で、劇物としての指定から除外される上限濃度について、**正しいもの**を１つずつ選びなさい。

問 42 　４−ブロモ−２−（４−クロロフエニル）−１−エトキシメチル−５−トリフルオロメチルピロール−３−カルボニトリル(別名：クロルフエナピル)

問 43 　２・２−ジメチル−２・３−ジヒドロ−１−ベンゾフラン−７−イル＝Ｎ［Ｎ−（２−エトキシカルボニルエチル）−Ｎ−イソプロピルスルフエナモイル］−Ｎ−メチルカルバマート(別名：ベンフラカルブ)

問 44 　トリクロルヒドロキシエチルジメチルホスホネイト

１　0.6％　　　２　1.5％　　　３　6％　　　４　10％　　　５　80％

問 45 〜 47 次の物質の鑑別方法について、**最も適当なもの**を１つずつ選びなさい。

問 45 　クロルピクリン　　　問 46 　アンモニア水　　　問 47 　無機銅塩類

１　水溶液に金属カルシウムを加え、これにベタナフチルアミン及び硫酸を加えると、赤色の沈殿を生じる。
２　水に溶かし、硝酸銀を加えると、白色の沈殿を生じる。
３　濃塩酸を潤したガラス棒を近づけると白い霧を生じる。また、塩酸を加えて中和した後、塩化白金溶液を加えると黄色の結晶性の沈殿を生じる。
４　この物質の水溶液は水酸化ナトリウム溶液で、冷時青色の沈殿を生じる。

問 48 〜 49 次の物質の貯蔵方法として、**最も適当なもの**を１つずつ選びなさい。

問 48 　燐化アルミニウムとその分解促進剤とを含有する製剤
問 49 　シアン化水素

１　少量ならば褐色ガラス瓶を用い、多量ならば銅製シリンダーを用いる。日光及び加熱を避け、風通しの良い冷所に貯蔵する。
２　空気中の湿気に触れると猛毒のガスを発生するため、密閉した容器を用い、風通しの良い冷暗所に貯蔵する。
３　金属腐食性及び揮発性があるため、耐腐食性容器に入れ、密栓して冷暗所に貯蔵する。

問 50 〜 52 次の物質の用途について、**最も適当なもの**を１つずつ選びなさい。

問 50 　塩化亜鉛
問 51 　エチルジフエニルジチオホスフエイト
問 52 　２−クロルエチルトリメチルアンモニウムクロリド

１　殺菌剤　　　２　除草剤　　　３　植物成長調整剤　　　４　木材防腐剤

問 53 〜 55　次の物質の漏えい又は飛散した場合の措置として、**最も適当なものを1つずつ選びなさい。**

　問 53　硫酸
　問 54　ブロムメチル
　問 55　ジメチル－2・2－ジクロルビニルホスフエイト(別名：DDVP)

1　少量の漏えいの場合、液は速やかに蒸発するので、周辺に近寄らないようにする。多量に漏えいした場合は、土砂等でその流れを止め、液が拡がらないようにして蒸発させる。
2　漏えいした液は土砂等でその流れを止め、安全な場所に導き、空容器にできるだけ回収し、その後を水酸化カルシウム等の水溶液を用いて処理した後、多量の水を用いて洗い流す。洗い流す場合には中性洗剤等の分散剤を使用する。
3　漏えいした液は土砂等でその流れを止め、これを吸着させるか、または安全な場所に導いて、遠くから次女に注水して希釈した後、水酸化カルシウム、炭酸ナトリウム等で中和し、多量の水を用いて洗い流す。
4　漏えいした液は土砂等でその流れを止め、安全な場所に導き、空容器にできるだけ回収し、その後を土壌で覆って十分接触させた後、土壌を取り除き、多量の水を用いて洗い流す。

問 56 〜 57　次の物質及び製剤の廃棄方法について、**最も適当なものを1つずつ選びな**さい。

　問 56　ジメチル－4－メチルカプト－3－メチルフエニルチオホスフエイト
　問 57　シアン化ナトリウム

1　徐々に石灰乳などの撹拌溶液に加え中和させた後、多量の水で希釈して処理する。
2　水酸化ナトリウム水溶液等でアルカリ性とし、高温加圧下で加水分解する。
3　可燃性溶剤とともに、アフタバーナー及びスクラバーを備えた焼却炉の火室へ噴霧し焼却する。

問 58 〜 60　次の物質の毒性について、**最も適当なものを1つずつ選びなさい。**

　問 58　1，1’－ジメチル－4，4’－ジピリジニウムヒドロキシド
　問 59　ジメチルジチオホスホリルフエニル酢酸エチル
　問 60　エチレンクロルヒドリン

1　皮膚から容易に吸収され、全身中毒症状を引き起こす。中枢神経系、肝臓、腎臓、肺に顕著な障害を引き起こす。致死量のガスに曝露すると、数時間の後には呼吸困難、激しい頭痛、失神、チアノーゼ、左胸部痛等が生じ、最後には呼吸不全を起こして死亡する。
2　中枢神経系の抑制作用があり、吸入すると嘔気、嘔吐、めまいなどが起こり、重篤な場合は意識不明ちなり、肺水腫を起こす。皮膚との接触時間が長い場合は、発赤や水疱等が生じる。
3　経口直後から2日以内に、激しい嘔吐、粘膜障害及び食道穿孔などが発生し、2〜3日で急性肝不全、進行性の糸球体腎炎、尿細管壊死による急性腎不全及び肺水腫、3〜10日で間質性肺炎や進行性の肺線維症を起こす。
4　血液中のコリンエステラーゼを阻害し、倦怠感、頭痛、めまい、嘔気、嘔吐、腹痛、多汗等の症状を呈し、重篤な場合縮瞳、意識混濁、全身痙攣等を起こすことがある。解毒剤には2－ピリジルアルドキシムメチオダイド(PAM)製剤を使用する。

奈良〔取扱・実地〕・令和四年

解答・解説編
〔筆記〕
〔法規、基礎化学〕

〔法規編〕

関西広域連合統一共通〔滋賀県、京都府、大阪府、和歌山県、兵庫県、徳島県〕

【令和2年度実施】

(一般・農業用品目・特定品目共通)

【問1】 2
〔解説〕
　この設問では、劇物はどれかとあるので、2の硫酸タリウムが劇物。また、ニコチン、シアン化水素、砒素、セレンは毒物。劇物については、法第2条第2項→法別表第二に掲げられている。

【問2】 1
〔解説〕
　法第3条の2第2項は、特定毒物を輸入できる者として①毒物又は劇物輸入業者と特定毒物研究者のことである。

【問3】 3
〔解説〕
　この設問における特定毒物の用途とその政令で定める用途について、正しい組み合わせは、a の四アルキル鉛を含有する製剤→ガソリンへの混入が正しい。施行令第1条のこと。なお、モノフルオール酢酸アミドを含有する製剤する用途→かんきつ類などの害虫の防除(施行令第22条)。モノフルオール酢酸の塩類を含有する製剤の用途→野ねずみの駆除(施行令第11条)である。

【問4】 4
〔解説〕
　解答のとおり。

【問5】 4
〔解説〕
　法第3条の4で規定する引火性、発火性又は爆発性のある毒物又は劇物→施行令第32条の3で、①亜塩素酸ナトリウム及びこれを含有する製剤30％以上、②塩素酸塩類を含有する製剤35％以上、③ナトリウム、④ピクリン酸については正当な理由を除いては所持してはならないと規定されている。

【問6】 5
〔解説〕
　この設問は登録の更新のことで、毒物又は劇物製造業者と輸入業者は、5年ごと、また毒物又は劇物販売業者は、6年ごとに更新を受けなければならないと規定されている。法第4条第3項。

【問7】 4
〔解説〕
　この設問は、毒物又は劇物における販売品目の制限のことで、b が正しい。なお、a の一般販売業の登録を受けた者は、全ての毒物又は劇物を販売することができる。よって a は誤り。また、c の特定品目販売業の登録を受けた者は、法第4条の3第2項→施行規則第4条の3→施行規則別表第二掲げられている品目のみである。

【問8】 3
〔解説〕
　この設問は、施行規則第4条の4第2項における毒物又は劇物の販売業の店舗の設備基準のことで、a と b が正しい。c については、その周囲に警報装置ではなく、堅固なさくが設けられていることである。(施行規則第4条の4第1項第二号ホ)

【問9】 1
〔解説〕
　法第4条における登録について法第6条において、登録事項が規定されている。①申請者の氏名及び住所(法人の場合は名称及び主たる事務所の所在地)、②製造業又は輸入業の登録については、製造し又は輸入しようとする毒物又は劇物の品目、③製造所、営業所又は店舗の所在地のことで、この設問では、毒物劇物販売業の登録事項とあるので、a と b が正しい。

【問 10】　3
〔解説〕
　　解答のとおり。

【問 11】　2
〔解説〕
　　この設問は法第 12 条第 1 項の毒物又は劇物の表示で、b が正しい。なお、a は、黒地に白色をもってではなく、赤地に白色をもってである。c については、劇物についても容器及び被包に「医薬用外」を表示しなければならない。

【問 12】　3
〔解説〕
　　この設問も問 11 と同様に、毒物又は劇物の表示のことで、法第 12 条第 2 項で、毒物又は劇物を販売又は授与する際には、容器及び被包に次の事項として①毒物又は劇物の表示、②毒物又は劇物の成分及びその含量、③厚生労働省令で定める毒物又は劇物〔有機燐化合物及びこれを含有する製剤〕には、解毒剤の名称〔2－ピリジルアルドキシムメチオダイド(PAM)及び硫酸アトロピンの製剤〕を表示しなければならない。このことから a と d が正しい。

【問 13】　4
〔解説〕
　　この設問は法第 13 条における着色する農業品目のことで、法第 13 条→施行令 39 条において、①硫酸タリウムを含有する製剤たる劇物、②燐化亜鉛を含有する製剤たる劇物→施行規則第 12 条で、あせにくい黒色に着色しなければならないと規定されている。このことから b と d が正しい。

【問 14】　2
〔解説〕
　　この設問は、いわゆる一般人に販売又は授与する際についてで、法第 14 条第 2 項のことで、譲受人から提出を受ける書面の事項で、①毒物又は劇物の名称及び数量、②販売又は授与の年月日、③譲受人の氏名、職業及び住所(法人にあっては、その名称及び主たる事務所の所在地)である。このことから a と c が正しい。

【問 15】　2
〔解説〕
　　この設問は毒物又は劇物を交付してはならい事項として、① 18 歳未満の者、②心身の障害により毒物又は劇物による保健衛生上の危害の防止を適正に行うことができない者、③麻薬、大麻、あへん又は覚せい剤の中毒者である。このことから b が正しい。なお、c については、3 年間保存とあるが、法第 15 条第 4 項で 5 年間保存しなければならないと規定されている。よって誤り。

【問 16】　1
〔解説〕
　　この設問は法第 15 条の 2 〔廃棄〕→施行令第 40 条〔廃棄方法〕が規定されている。解答のとおり。

【問 17】　3
〔解説〕
　　この設問は毒物又は劇物の運搬方法についてで、毒物又は劇物を運搬する車両の前後に掲げる標識のことが施行規則第 13 条の 5 で規定されている。解答のとおり。

【問 18】　5
〔解説〕
　　この設問は施行令第 40 条の 9 第 1 〔項毒物又は劇物の情報提供の内容〕について→施行規則第 13 条の 12 に情報の内容が 13 項目規定されている。このことから a、b、c が該当する。

【問 19】　5
〔解説〕
　　この設問は法第 17 条における事故の際の措置についてで、設問の全てが正しい。

【問 20】　1
〔解説〕
　　法第 21 条は、①毒物劇物営業者〔製造業者、輸入業者、販売業者〕、②特定毒物研究者、③特定毒物使用者〔なくなった日〕が、営業の登録若しくは許可〔特定毒物研究者〕の効力がなくなったことについて規定である。

関西広域連合統一〔滋賀県、京都府、大阪府、和歌山県、兵庫県、徳島県〕

【令和3年度実施】

（一般・農業用品目・特定品目共通）

【問1】 5
〔解説〕
　　解答のとおり。

【問2】 2
〔解説〕
　　法第2条第1項〔定義〕とは、法別表第一に掲げられている毒物の品目をいい、医薬品及び医薬部外品を除いたものである。

【問3】 3
〔解説〕
　　この設問で正しいのは、bのみである。bは法第3条第2項に示されている。なお、aについては販売又は授与の目的で輸入することはできない。ただし、みずから製造する毒物又は劇物については輸入することはできる。cの薬局開設者とあることから、毒物又は劇物を販売することはできない。

【問4】 1
〔解説〕
　　この設問は法第3条の2における特定毒物についてで正しいのは、bとdである。bは、法第3条の2第4項に示されている。dは、法第3条の2第11項に示されている。なお、aにおける特定毒物を製造できる者は、①毒物又は劇物製造業者、②特定毒物研究者である。cの特定毒物を所持できる者とは、1. 毒物劇物営業者〔①製造業者、②輸入業者、③販売業者〕、2. 特定毒物研究者、3. 特定毒物使用者が特定毒物を所持できる。このことからこの設問は誤り。

【問5】 4
〔解説〕
　　-法第3条の3→施行令第32条の2による品目→①トルエン、②酢酸エチル、トルエン又はメタノールを含有する接着剤、塗料及び閉そく用またはシーリングの充てん料は、みだりに摂取、若しくは吸入し、又はこれらの目的で所持してはならい。設問については解答のとおり。

【問6】 2
〔解説〕
　　-法第3条の4で規定する引火性、発火性又は爆発性のある毒物又は劇物→施行令第32条の3で、①亜塩素酸ナトリウム及びこれを含有する製剤30％以上、②塩素酸塩類を含有する製剤35％以上、③ナトリウム、④ピクリン酸については正当な理由を除いて所持してはならないと規定されている。このことから2が正しい。

【問7】 3
〔解説〕
　　この設問は、法第4条についてで、aのみ正しい。aは法第4条第1項に示されている。bの毒物又は劇物製造業の登録は、6年ごとではなく、5年ごどてある。〔法第4条第3項〕、cの毒物又は劇物販売業の登録は、登録の日から起算して6年を経過した日の一月前までに、登録更新申請書に登録票を添えて申請する〔施行規則第4条第2項〕。

【問8】 2
〔解説〕
　　解答のとおり。

【問9】　5
〔解説〕
　　この設問は、法第7条及び法第8条における毒物劇物取扱責任者のことで、aとcが正しい。aは法第7条第3項に示されている。cは法第8条第4項に示されている。また、bの一般毒物劇物取扱責任者に合格した者については、全ての製造所、営業所、店舗の毒物劇物劇物取扱責任者になることができる。毒物又は劇物の販売品目の制限はない。このことからこの設問は誤り。dについては、2年以上従事した経験があればとあるが、法第8条第1項に掲げられている①薬剤師、②厚生労働省令で定められた学校で、応用化学に関する学課を修了した者、③都道府県知事が行う毒物劇物取扱責任者試験合格した者のみである。

【問10】　1
〔解説〕
　　この設問では、aとcが正しい。aは法第12条第1項aは法第10条第1項第一号に示されている。cは法第10条第1項第四号に示されている。なお、bの登録を受けた以外の毒物又は劇物以外については、30日以内ではなく、あらかじめ登録の変更を受けなければならないである。法第9条第1項のこと。

【問11】　3
〔解説〕
　　法第11条第4項→施行規則第11条の4とは、すべての毒物又は劇物における飲食物の容器の使用禁止のことである。解答のとおり。

【問12】　3
〔解説〕
　　この設問は、法第12条における毒物又は劇物の表示のことで、aとcが正しい。aは法第12条第1項に示されている。また、c法第12条第3項に示されている。因みに、bはaと同様に法第12条第1項についてで、「医薬用外」の文字及び毒物については赤地に白色をもって「毒物」の文字である。

【問13】　2
〔解説〕
　　この設問は法第12条第2項第四号→施行規則第11条の6第二号に掲げられていることで、bのみが誤り。因みに今一つは、「眼に入った場合は、直ちに流水でよく荒い、医師の診断を受けるへき旨」である。

【問14】　4
〔解説〕
　　この設問は法第13条における着色する農業品目のことで、法第13条→施行令第39条において、①硫酸タリウムを含有する製剤たる劇物、②燐化亜鉛を含有する製剤たる劇物→施行規則第12条で、あせにくい黒色に着色しなければならないと示されている。このことからbのみが正しい。

【問15】　5
〔解説〕
　　法第14条は、譲渡手続のことである。解答のとおり。

【問16】　4
〔解説〕
　　法第15条において、毒物又は劇物を交付してはならない者とは、①18歳未満の者、②心身の障害により毒物又は劇物による保健衛生上の危害の防止の措置を適正に出来ない者、③麻薬、大麻、あへん又は覚せい剤の中毒者である。また、同条第2項〜第4項において、毒物劇物営業者は法第3条の4で規定する引火性、発火性又は爆発性のある毒物又は劇物→施行令第32条の3で、①亜塩素酸ナトリウム及びこれを含有する製剤30％以上、②塩素酸塩類を含有する製剤35％以上、③ナトリウム、④ピクリン酸について交付する際に、その交付を受ける者の氏名及び住所を確認し、その帳簿を備え、5年間保存しなければならないとある。このことから正しいのは、aのみである。

【問 17】　　3
〔解説〕
　　この設問は毒物又は劇物の運搬方法についてで、ａとｄが正しい。ａは施行令第 40 条の５第２項第一号→施行規則第 13 条の４第一号に示されている。ｄは施行令第 40 条の５第２項第四号に示されている。なお、ｂについては、交替して運転する者を同乗させずとあるが、ａと同様に施行令第 40 条の５第２項第一号→施行規則第 13 条の４第一号により同乗させなければならないである。ｃについては施行令第 40 条の５第２項第三号で二人分以上備えなければならないと規定されている。

【問 18】　　1
〔解説〕
　　この設問の法第 17 条は毒物又は劇物の事故の際の措置についてで、ａとｂが正しい。なお、ｃについては、毒物が含まれていなければ、警察署に届出は不要とあるが、法第 17 条第２項に、毒物又は劇物が盗難にあい又は紛失したときは、直ちに、その旨を警察署に届け出なければならないである。このことについては毒物又は劇物の量の多少にかかわらず届け出を要する。

【問 19】　　1
〔解説〕
　　法第 18 条とは、立入検査等のことである。解答のとおり。

【問 20】　　4
〔解説〕
　　この設問の業務上取扱者の届出を要する事業者とは、①シアン化ナトリウム又は無機シアン化合物たる毒物及びこれを含有する製剤→電気めっきを行う事業、②シアン化ナトリウム又は無機シアン化合物たる毒物及びこれを含有する製剤→金属熱処理を行う事業、③最大積載量 5,000kg 以上の運送の事業、④しろありの防除を行う事業である。このことから正しいのは、ｂとｄである。

関西広域連合統一〔滋賀県、京都府、大阪府、和歌山県、兵庫県、徳島県〕

【令和4年度実施】

（一般・農業用品目・特定品目共通）

【問1】 3
〔解説〕
　この設問は法第1条〔目的〕、法第2条〔定義〕のことで、a と c は正しい。なお、b は法第2条第1項のことで、「毒物」とは、別表第一に掲げられている物であつて、医薬品及び医薬部外品以外のものをいうである。d は法第2条第3項〔特定毒物〕のことで、毒物であつて別表第三に掲げられるものをいうである。

【問2】 1
〔解説〕
　この設問は法第3条の2における特定毒物のことについてで、c のみが誤り。c の特定毒物使用者については法第3条の2第3項において、政令で指定する者のことで、都道府県知事の指定。a は法第3条の2第5項→施行令第1条。b は法第3条の第2項に示されている。d は設問のとおり。法第3条の2第10項に示されている。

【問3】 4
〔解説〕
　この法第3条の3→施行令第32条の2による品目→①トルエン、②酢酸エチル、トルエン又はメタノールを含有する接着剤、塗料及び閉そく用またはシーリングの充てん料は、みだりに摂取、若しくは吸入し、又はこれらの目的で所持してはならい。このことから4の b、c、d が正しい。

【問4】 1
〔解説〕
　この設問では1が正しい。a のみが誤り。a について毒物又は劇物を販売することができるのは、毒物又は劇物製造業及び輸入業の者も毒物劇物営業者間において販売することができる。このことについては法第3条第3項ただし書規定に示されている。b のことについては法第4条第3項に示されている。c は設問のとおり。毒物又は劇物の一般販売業の登録を受けた者は、すべての販売又は授与することができる。d については法第3条第3項により、販売業の登録を受けなければならないである。設問のとおり。

【問5】 2
〔解説〕
　この設問は2が正しい。a、c が正しい。a は法第4条第1項に示されている。このことについては平成30年6月27法律第66号、施行は令和2年4月1日より厚生労働大臣から都道府県知事へ権限の移譲がなされた。c の設問について、自家消費の目的とあることから法第3条における販売又は授与の目的に該当しないので業の登録を受けなくてもよい。設問のとおり。b は誤り。b については毒物又は劇物製造業者が自ら製造するために特定毒物を使用することができる。法第3条の2第1項による。この設問は誤り。d は法第9条第1項〔登録の変更〕で、あらかじめ登録の変更を受けなければならないである。よってこの設問は誤り。

【問6】 2
〔解説〕
　この設問は施行規則第4条第4項第2項における店舗の設備基準についてで、a と c が正しい。

【問7】 4
〔解説〕
　この設問は b、c が正しい。b については届出はなく、新たな登録を要する。設問のとおり。c は施行令第36条第1項に示されている。なお、a の代表取締役の変更は、毒物劇物営業者でないことから届出を要しない。

【問8】 5
〔解説〕
　解答のとおり。

【問9】　　5
〔解説〕
　この設問の法第8条第2項については不適格者と罪のことで、bのみ正しい。bは法第8条第2項第一号に示されている。なお、aは法第8条第2項第四号で、毒物又は劇物若しくは薬事に関する罪において、その執行を受けることがなくなった日から起算して3年を経過していない者とある。このことから設問では、過去にとあることから毒物劇物取扱責任者になることができることになる。cは、道路交通法違反とあることから法第8条第2項第四号には該当しない。dについては法第8条第2項には該当しない。
【問10】　　3
〔解説〕
　この設問は法第10条〔届出〕のことで、解答のとおり。
【問11】　　1
〔解説〕
　この設問は法第12条第1項〔毒物又は劇物の表示〕のことで、解答のとおり。
【問12】　　1
〔解説〕
　この設問では有機燐化合物たる毒物又は劇物を販売又は授与する場合、その容器及び被包に表示しなければならない事項は、①毒物又は劇物の名称、②毒物又は劇物の成分及びその含量、③厚生労働省令で定めるその解毒剤の名称を掲げなければならない〔法第12条第2項第三号→施行規則第11条の5〕。このことからcのみが誤り。
【問13】　　3
〔解説〕
　この設問は法第12条第2項第四号→施行規則第11条の6第三号における衣料用防虫剤について示されている。解答のとおり。
【問14】　　2
〔解説〕
　この設問は法第13条の2→施行令第32条の2〔劇物たる家庭用品〕→施行令別表第一に示されている。なお、この設問では劇物たる家庭用品で住宅用洗剤の液体状のものとあるので、aの塩化水素を含有する製剤たる劇物とdの硫酸を含有する製剤たる劇物が該当する。
【問15】　　5
〔解説〕
　この設問は法第14条第2項〔毒物又は劇物の譲渡手続〕における毒物劇物営業者以外の者に、販売し、又は授与したときその都度書面に記載する事項は、①毒物又は劇物の名称及び数量、②販売又は授与の年月日、③譲受人の氏名、職業及び住所(法人にあっては、その名称及び主たる事務所)、④譲受人の押印である。このことからdのみが誤り。
【問16】　　4
〔解説〕
　この設問は法第15条〔毒物又は劇物の交付の制限等〕についてで、cとdが正しい。cは法第15条第2項に示されている。dは法第15条第4項に示されている。なお、aについては、父親の委任状持参とあるが法第15条第1項第一号により、18歳未満の者に交付することはできないので誤り。bの設問については法第15条規定がないので適用されない。
【問17】　　4
〔解説〕
　この設問は法第15条の2〔廃棄〕→施行令第40条〔廃棄の方法〕のこと。解答のとおり。
【問18】　　5
〔解説〕
　この設問は毒物又は劇物の運搬を他に委託する場合のことで、施行令第40条の6〔荷送人の通知義務〕のことで、bのみが誤り。bは荷送人が運送人に対して、あらかじめ、毒物又は劇物の①名称、②成分、③含量、④数量、⑤事故の際に講じなければならない応急の措置を書面に記載する内容である。このことから設問では、廃棄の方法とあるので誤り。なお、aは施行令第40条の6第1項ただし書規定→施行規則13条の7において、1,000kg以下については交付を行わなくてもよい。設問は正しい。cは設問のとおり。施行令第40条の6第1項に示されている。dは施行令第40条の6第2項において、運送人の承認を得てとあることから、

この設問は正しい。
【問19】　　2
　〔解説〕
　　この設問の法第18条〔立入検査等〕のことで、cのみが誤り。cは法第18条第4項に示されているとおり、同法第1項の規定は犯罪捜査のために認められているものと解してはならないとあるので、設問は誤り。なお、a、bは法第18条第1項に示されている。dは法第18条第3項に示されている。
【問20】　　3
　〔解説〕
　　この設問は法第22条〔業務上取扱者の届出等〕についてで、a、b、dが正しい。aは法第22条第1項第一号に示されている。bは法第22条第1項第二号に示されている。dは法第22条第1項第三号に示されている。なお、cはbと同様の設問であるが、毒物又は劇物の数量ではなく、毒物又は劇物の品目である。

関西〔法規解答・解説〕・令和四年

〔法規編〕

奈良県
【令和２年度実施】
（注）特定品目はありません

（一般・農業用品目共通）

問１　２
〔解説〕
　この設問は法第３条の２における特定毒物についてで、ｃが誤り。ｃの特定毒物を所持出来る者は、①毒物劇物営業者〔毒物又は劇物製造業者、同輸入業者、同販売業者〕、②特定毒物研究者、③特定毒物使用者である。このことは法第３条の２第10項に示されている。なお、ａは法第３条の２第２項に示されている。ｂは法第３条の２第１項に示されている。ｄは第３条の２第５項に示されている。

問２　４
〔解説〕
　特定毒物の用途については、施行令で規定されている。このことから正しいのは、ｃとｄである。ｃは施行令第16条に示されている。ｄは施行令第１条に示されている。なお、ａのモノフルオール酢酸アミドは、かんきつ類、りんご、なし、ぶどう、かき等の果樹の害虫防除に使用される。施行令第22条に示されている。ｂのモノフルオール酢酸の塩類を含有する製剤は、野ねずみの駆除に使用される。施行令第11条に示されている。

問３　１
〔解説〕
　法第３条の３→施行令32条の２において、興奮、幻覚又は麻酔の作用を有する物として、①トルエン、②酢酸エチル、トルエン又はメタノールを含有する接着剤、塗料及び閉そく用又はシーリングの充てん剤のこと。このことから１が正しい。

問４　１
〔解説〕
　この設問は、製造所の設備基準についてで、ａとｂが正しい。なお、ｃについては、常時監視が行われていることではなく、堅固なさくが設けてあることである。ｄについては、毒物又は劇物とその他の物とを区分して貯蔵することができるである。

問５　５
〔解説〕
　この設問で正しいのは、ｃのみである。ｃの毒物劇物一般販売業の登録を受けた者は、全ての毒物又は劇物を販売し、授与することができる。設問は正しい。なお、ａの毒物又は劇物輸入業者は、自ら輸入した毒物又は劇物を毒物劇物営業者に販売することができる。法第３状第３項ただし書きに示されている。ｂについては、伝票処理のみの方法で販売又は授与しようとする場合とあることから、毒物劇物取扱責任者は置かなくてもよい。ただし、毒物又は劇物の販売業の登録を要する。ｄは法第５条により、登録を取り消され、取消の日から３年を経過したではなく、<u>２年を経過していないものはであるとき</u>は、登録を受けることができないである。

問６
〔解説〕
　この設問で正しいのは、ｃのみが正しい。一般毒物劇物取扱者試験に合格した者は、全ての製造所、営業所、店舗の毒物劇物取扱責任者になることができる。設問のとおり。なお、ａについては、ただ試験に合格しただけでは駄目で、販売業の登録申請をしなければならない。ｂについては、他の都道府県においても毒物劇物取扱者になることができる。ｄでは、硫酸を製造する工場とあることから、毒物劇物取扱責任者になることはできない。法第８条第４項において、製造業(製造所)の毒物劇物取扱責任者になることはできない。

問7　3　　問8　5　　問9　3
〔解説〕
　　解答のとおり。

問10　4
〔解説〕
　　法第10条は届出についてで、cとdが正しい。なお、aの法人の代表者を変更したとき、bの店舗の電話番号を変更したときについては届出を要しない。

問11　3
〔解説〕
　　毒物又橋劇物の容器及び被包に掲げる事項は、①毒物又は劇物の名称、②毒物又は劇物の成分及びその含量、③有機燐化合物及びこれを含有する毒物又は劇物について解毒剤の名称(2－ピリジルアルドキシムメチオダイドの製剤及び硫酸アトロピンの製剤)である。このことからbとdが正しい。

問12　4
〔解説〕
　　この設問は法第13条に示されている着色する農業用品目として規定されている。次のとおり。法第13条→施行令第39条で、①硫酸タリウムを含有する製剤たる劇物、燐化亜鉛を含有する製剤たる劇物→施行規則第12条で、あせにくい黒色で着色すると示されている。

問13　5
〔解説〕
　　解答のとおり。

問14　3　　問15　2　　問16　1　　問17　2
〔解説〕
　　毒物又は劇物を廃棄する際には、法第15条→施行令第40条において、廃棄方法が示されている。解答のとおり。

問18　4
〔解説〕
　　この設問にある施行令第40条の5は、毒物又は劇物についての運搬方法のこと。この設問では、過酸化水素35％を含有する製剤〔この品目は施行令別表第二掲げられている。〕で、1回につき5,000kg以上を車両で運搬する場合のことで、bのみが誤り。この設問の過酸化水素における車両に備えなければならい保護具は、①保護手袋、②保護長ぐつ、③保護衣、④普通ガス用防毒マスクを2人分以上備えなければならない である。〔施行令第40条の5第2項第二号→施行規則第13条の6に示されている。〕なお、aは施行令第40条の5第2項第四号のこと。cは施行令第40条の5第2項第二号→施行規則第13条の5の運搬する車両に掲げる標識のこと。dは施行令第40条の5第2項第一号→施行規則第13条の4に示されている。

問19　1　　問20　5
〔解説〕
　　解答のとおり。

奈良県

【令和３年度実施】

(注) 特定品目はありません

(一般・農業用品目・特定品目共通)

問１　３

〔解説〕

　この設問は、法第１条(目的)及び法第２条(定義)のことで、正しいのは、ｂ と ｄ である。ｂ は、法第２条第１項(毒物)のこと。又、ｄ は法第２条第３項(特定毒物)のこと。なお、ａ は、法第１条(目的)で、犯罪捜査の見地からではなく、保健衛生上の見地からである。ｃ は、法第２条第２項(劇物)のことで、食品添加物に該当するものではなく、医薬品及び医薬部外品に該当するものは、劇物から除外される。

問２　１

〔解説〕

　この設問では、劇物に該当さするものはどれかとあるので、ａ と ｂ がが劇物に該当する。このことについて、ａ の無水酢酸は 0.2 パー前と以下は劇物から除外。又、ｂ の沃化メチルの製剤については劇物から除外される濃度はないので、劇物となる。なお、ｃ のメタクリル酸は 25 ％以下は劇物から除外。ｄ の硝酸は 10 ％以下は劇物から除外される。

問３　４

〔解説〕

　この設問では特定毒物はどれかとあるので、ｃ と ｄ が特定毒物に該当する。なお、ａ の燐化亜鉛を含有する製剤は、劇物。ｂ の燐化アルミニウムは毒物。

問４　４

〔解説〕

　この設問では、ａ と ｃ が正しい。ａ は法第３条第２項に示されている。ｃ は法第４条第３項の登録の更新のこと。なお、ｂ については、３日以内ではなく、直ちにである。法第 17 条第２項に示されている。ｄ については法第３条第３項及び法第４条により販売業の登録を受けなければならない。

問５　３

〔解説〕

　この設問は特定毒物研究者についてのことで、ａ と ｃ が正しい。ａ は法第３条の２第２項に示されている。ｃ は法第３条の２第６項に示されている。なお、ｂ については学術研究以外の用途に供してはならないである。このことは法第３条の２第４項に示されている。ｄ にの設問にある主たる研究所の所在地を変更した場合は、法第 10 条第２項により、30 日以内に、主たる研究所の所在地の都道府県知事にその旨を届け出なければならないである。よってこの設問は誤り。

問６　３

〔解説〕

　この設問は法第３条の４で正当な理由を除いて所持はならない品目とは→施行令第 32 条の３で、①亜塩素酸ナトリウム及びこれを含有する製剤 30 ％以上、②塩素酸塩類及びこれを含有する製剤 35 ％以上、③ナトリウム、④ピクリン酸である。このことから ｂ と ｄ が正しい。

問７　５

〔解説〕

　この設問では登録又は許可のことで、ｂ のみが誤り。ｂ については法第４条第１項により、その所在地の都道県知事が行う。これについては平成 30 年６月 27 日法第 66 号(施行日：令和２年４月１日)において、厚生労働大臣から都道府県知事へ委譲された(登録権限の委譲)　ａ、ｃ は法第４条第１項に示されている。ｄ は法第６条の２(特定毒物研究者の許可)に示されている。

問8　2
〔解説〕
　この設問の毒物劇物営業者の手続きについてでは、d のみが正しい。d は施行令第35条第1項に示されている。なお、a と c は法第10条(届出)のことで、a は、あらかじめではなく、30 日以内にその所在地の都道府県知事に届出なければならない(法第10条第1項第二号)。c の問問にある廃止する日の30日前ではなく、30日以内に届け出なければならないである(法第 10 条第1項第四号)。b については法第9条第1項により、30 日以内ではなく、あらかじめ登録の変更をうけなければならないである。

問9　4
〔解説〕
　この設問は法第12条第2項第四号→施行規則第11条の6第1項第二号で、住宅用の洗浄剤の液体状のものについて販売し、又は授与するときについての表示事項についてで、c と d が正しい。

問10　3
〔解説〕
　この設問では、店舗の設備基準とあるので、施行規則第4条の4第2項についてで、b と d が正しい。

問11　3
〔解説〕
　この設問の毒物劇物取扱責任者は法第7条及び法第8条のことで、c のみが誤り。c については法第7条第1項により、自ら毒物劇物取扱責任者として毒物又は劇物による保健衛生上の危害防止に当たることができる。よってこの設問は誤り。なお、a は法第8条第1項第一号に示されている。b は法第7条第3項に示されている。d は法第7条第2項に示されている。

問12　5
〔解説〕
　法第12条第2項第三号→施行規則第11条の5で、有機燐化合物たる毒物又は劇物を含有する製剤には解毒剤の表示として、①2－ピリジルアルドキシムメチオダイド(別名 PAM)の製剤、②硫酸アトロピンの製剤である。このことから5が正しい。

問13　2
〔解説〕
　この設問は着色する農業品目で法第13条→施行令第39条において着色すべき農業劇物として、①硫酸タリウムを含有する製剤たる劇物、②燐化亜鉛を含有する製剤たる劇物は、施行規則第12条であせにくい黒色に着色すると規定されている。このことから2が正しい。

問14　2
〔解説〕
　この設問は法第 14 条第1項における毒物劇物を譲渡する際に、書面に記載しなければならない事項とは、①毒物又は劇物の名称及び数量、②販売又は授与の年月日、③譲受人の氏名、職業及び住所(法人にあっては、その名称及び主たる事務所の所在地)である。このことから a と c が正しい。

問15　1
〔解説〕
　解答のとおり。

問16　3
〔解説〕
　解答のとおり。

問17 3
〔解説〕
　この設問は、毒物又は劇物の性状及び取扱いについての情報提供についてで、c のみが誤り。c については、①1回につき 200 ミリグラム以下の販売し、又は授与する場合、②施行令別表第1の上欄に掲げる物を主として生活の用に供する一般消費者に対して販売し、又は授与する場合については、毒物劇物営業者は、譲受人に対して情報提供をしなくてもよい。なお、a は施行規則第 13 条の 12 に示されている。b は施行規則第 13 条の 11 に示されている。d は施行規則第 13 条の 10 に示されている。

問18 4
〔解説〕
　この設問は業務上取扱者の届出における事業者についてである。法第 22 条第 1 項→施行令第 41 条及び第 42 条で、①シアン化ナトリウム又は無機シアン化合物を使用する電気めっきを行う事業、②シアン化ナトリウム又は無機シアン化合物を使用する金属熱処理を行う事業、③大型自動車 5000kg 以上に毒物又は劇物を積載して行う大型運送業、④しろあり防除行う事業である。このことから c と d が正しい。

問19〜20　　問19 1　　問20 2
〔解説〕
　問 19　この設問における罰則は法第 15 条第 1 項〔交付の不適格者〕→法第 24 条〔罰則〕で 3 年以下の懲役若しくは 200 万円以下の罰金。
　問 20　この設問における罰則は法第 3 条の 3 →法第 24 条の 2 〔罰則〕で 2 年以下の懲役若しくは 100 万円以下の罰金。

奈良県

※特定品目はありません。

（一般・農業用品目・特定品目共通）

問１　３
〔解説〕
　　この設問は法第二条第一項〔定義・毒物〕のこと。解答のとおり。

問２　１
〔解説〕
　　この設問は法第４条〔営業の登録〕についてで、１が正しい。１は法第４条第１項に示されている。なお、２は法第４条第３項〔登録の更新〕についてで、販売業の登録は、６年ごとに更新を受けなければ、その効力を失う。３は法第４条第１項により、その店舗の所在地の都道府県知事〔政令で定める保健所を設置する市、特別区の区域にある市長又は区長〕である。４の一般販売業の登録を受けた者は、販売品目の制限はない。

問３　４
〔解説〕
　　法第３条の４による施行令第32条の３で定められている品目は、①亜塩素酸ナトリウムを含有する製剤30％以上、②塩素酸塩類を含有する製剤35％以上、③ナトリウム、④ピクリン酸である。このことから４のピクリン酸である。

問４　４
〔解説〕
　　この設問は法第３条の２における特定毒物についてで、ｂ、ｄが正しい。ｂは法第３条の２第５項に示されている。ｄは法第３条の２第４項に示されている。なお、ａの特定毒物を輸入することができる者は、毒物又は劇物輸入業者と特定毒物研究者である〔法第３条の２第２項〕。ｃの特定毒物を所持できるのは、毒物劇物営業者〔毒物又は劇物製造業者、輸入業者、販売業者〕、特定毒物研究者、特定毒物使用者である〔法第３条の２第10項〕。

問５　１
〔解説〕
　　この設問は施行規則第４条の４第２項における販売業の店舗の設備基準のこと。設問では誤っているものはどれかとあるので、１が誤り。１についてはかぎをかける設備があることである。

問６　２
〔解説〕
　　この設問では毒物と劇物の組み合わせについてで、２が正しい。なお、１はニコチンは劇物ではなく、毒物。３のシアン化ナトリウムは劇物ではなく、毒物。４の水酸化カリウムは毒物ではなく、劇物。

問７〜問８　問７　２　問８　３
〔解説〕
　　この設問の法第８条第２項は毒物劇物取扱責任者における不適格者と罪のことが示されている。解答のとおり。

問９
〔解説〕
　　この設問は法第14条〔毒物又は劇物の譲渡手続〕についてで、ｂ、ｄが正しい。ｂは法第14条第２項→施行規則第12条の２に示されている。ｄの毒物又は劇物における譲渡手続に係る書面に記載する事項は、法第14条第１項に示されている。なお、ａの毒物又は劇物の譲渡手続に係る書面の保存期間は、法第14条第４項で、５年間保存と規定されている。ｃの設問にある…販売し、又は授与した後とあるが、その都度、作成した書面を受けなければならないである。

問10　2
〔解説〕
　この設問は法第 12 条〔毒物又は劇物の表示〕のことで、b のみが正しい。b は法第 12 条第 1 項に示されている。なお、a については、毒物及び劇物のいずれについても法第 12 条第 1 項における容器及び被包についての表示として、「医薬用外」の文字及び毒物については赤地に白色をもって「毒物」の文字、劇物については白地に赤色をもって「劇物」の文字を表示しなければならないである。c については、「医薬用外」の文字及び毒物については赤地に白色をもって「毒物」の文字を表示しなければならないである。d の設問の特定毒物とあるが、特定毒物も毒物に含まれるので、「医薬用外」の文字及び毒物については赤地に白色をもって「毒物」の文字を表示しなければならないである。

問11　3
〔解説〕
　解答のとおり。

問12　1
〔解説〕
　この設問はすべて正しい。廃棄については法第 15 条〔廃棄〕→施行令第 40 条〔廃棄の方法〕に示されている。

問13　4
〔解説〕
　この設問は法第 7 条〔毒物劇物取扱責任者〕についてで誤っているものはどれかとあるので、4 が誤り。4 については、あらかじめではなく、30 日以内に届け出をしなければならないである〔法第 7 条第 3 項〕。なお、1 は法第 7 条第 1 項のこと。2 は法第 7 条第 2 項のこと。3 は法第 7 条第 1 項ただし書規定のこと。

問14　3
〔解説〕
　この設問は法第 10 条〔届出〕については、b、d が正しい。b は法第 10 条第 1 項第四号→施行規則第 10 条の 2 第二号に示されている。d 法第 10 条第 1 項第二号に示されている。なお、a、c については、届け出を要しない。

問15 ～ 16　　問15　3　　問16　2
〔解説〕
　この設問は特定毒物の着色規定のことである。**問 15**　モノフルオール酢酸アミドを含有する製剤については法第 3 条の 2 第 9 項→施行令第 23 条第一号で、青色に着色。　　**問 16**　シメチルエチルメルカプトエチルチオホスフエイトを含有する製剤は法第 3 条の 2 第 9 項→施行令第 17 条第一号で、紅色に着色。

問17　2
〔解説〕
　この設問は毒物又は劇物の運搬を他に委託する場合、荷送人が運送人対して、あらかじめ交付しなければならない書面の内容は、毒物又は劇物①名称、②成分、③含量、④数量、⑤事故の際に講じなければならない応急の措置の内容である。このことから B のみが誤り。〔施行令第 40 条の 6〕

問18 ～ 19　　問18　1　　問19　3
〔解説〕
　この設問の法第 17 条〔事故の際の措置〕のこと。解答のとおり。

問20　3
〔解説〕
　この設問の法第 18 条〔立入検査等〕のことで、誤っているものはどれかとあるので、3 が誤り。3 は法第 18 条第 4 項により、犯罪捜査のために認められたものと解してならないとあるので、誤り。

〔基礎化学編〕

関西広域連合統一共通〔滋賀県、京都府、大阪府、和歌山県、兵庫県、徳島県〕

【令和2年度実施】

（一般・農業用品目・特定品目共通）

【問21】　2
〔解説〕
　メタン分子は炭素を中心に水素原子4つが正四面体の頂点に位置した構造を取っている無極性分子である。

【問22】　3
〔解説〕
　純物質とはただ1つの化合物あるいは元素からなる物質であり、混合物は純物質が複数混ざったものである。空気は窒素や酸素、アルゴン、二酸化炭素などが混ざった混合物であり、塩化ナトリウム NaCl は純物質である。液体の混合物を生成する方法には蒸留あるいは分留が適している。

【問23】　1
〔解説〕
　塩酸は（アルカリ側にある）フェノールフタレイン溶液を無色にする。0.1 mol/L の塩酸の pH は1である。

【問24】　5
〔解説〕
　同素体とは同じ元素からなる単体で、性質の異なるものである。

【問25】　4
〔解説〕
　0.1 mol/L 酢酸水溶液 10 mL を希釈し 100 mL にした時のモル濃度は 0.01 mol/L である。一方酢酸の電離度は 0.01 であるから、この希釈した酢酸水溶液の水素イオン濃度は $0.01 \times 0.01 = 0.0001 = 1.0 \times 10^{-4}$ である。よって pH は4となる。

【問26】　2
〔解説〕
　イオン結晶は固体では電気を流さないが、溶融あるいは溶解させることで電気伝導性を持つようになる。

【問27】　5
〔解説〕
　電池の負極では酸化反応が起こり、正極では還元反応が起こる。

【問28】　1
〔解説〕
　解答のとおり

【問29】　5
〔解説〕
　圧力を高めても低くしてもこの反応の平衡は変わらない。ヨウ化水素ガスを添加するとヨウ化水素を減少させる方向に平衡は移動する。温度を上げると吸熱方向に平衡は移動し、温度を下げると発熱方向に平衡は移動する。

【問30】　4
〔解説〕
　不揮発性の物質が溶解した溶液はもとの溶媒と比べて、蒸気圧降下、沸点上昇、凝固点降下が起こる。

【問31】　1
〔解説〕
　解答のとおり

【問32】　5
〔解説〕
　石灰水には Ca^{2+} が含まれており、これが二酸化炭素と反応し、水に溶けにくい炭酸カルシウム $CaCO_3$ が析出する。

【問 33】　　4
　〔解説〕
　　　-CHO はアルデヒド基であり、カルボン酸は-COOH を有する。
【問 34】　　2
　〔解説〕
　　　エステルは水に溶けにくく、有機溶媒に溶けやすい物質である。
【問 35】　　3
　〔解説〕
　　　常温の水ではタンパク質は変性しない。

関西広域連合統一共通〔滋賀県、京都府、大阪府、和歌山県、兵庫県、徳島県〕

【令和3年度実施】

（一般・農業用品目・特定品目共通）

【問 21】 4
〔解説〕
　　基本的には周期表の左側に行くほどイオン化傾向は大きくなる。

【問 22】 2
〔解説〕
　　同素体の関係は、単体であり互いに性質が異なるものである。一酸化炭素やメタノールなどは化合物である。

【問 23】 2
〔解説〕
　　塩化ナトリウムの式量は 58.5 である。この溶液のモル濃度 M は M ＝ 234.0/58.5 × 1000/2000、　M ＝ 2.0 mol/L

【問 24】 1
〔解説〕
　　陽子と電子の数は等しく、マグネシウムの場合はともに 12 である。2 個の電子を放出することで原子番号 10 番の Ne と同じ電子配置を取る。

【問 25】 4
〔解説〕
　　反応式より、KMnO4 と H2O2 は 2：5 のモル比で反応する。求める H2O2 水溶液のモル濃度を X とおくと式は、　X × 2 × 20 ＝ 0.04 × 5 × 10、　X ＝ 0.05 mol/L

【問 26】 3
〔解説〕
　　a の記述は体積と圧力は反比例する（ボイルの法則）が正しい。d の記述は、理想気体は高温、低圧の時に理想気体に近づく（分子間力を無視できるようになるため）が正しい。

【問 27】 1
〔解説〕
　　化学反応は物質同士の衝突確率が上がるほど早くなるので、濃度が高いほど反応しやすくなる。

【問 28】 1
〔解説〕
　　疎水コロイドに電解質を加えて沈殿させる操作を凝析という。コロイド粒子は通過できないが溶媒分子は通過できる膜を半透膜と言い、この操作を透析という。

【問 29】 4
〔解説〕
　　生成熱は発熱反応も吸熱反応もどちらも確認されている。

【問 30】 5
〔解説〕
　　カリウムは金属元素であるため、金属結合を形成する。

【問 31】 3
〔解説〕
　　記述のとおり。

【問 32】 3
〔解説〕
　　3 の記述は二酸化窒素である。

【問 33】 5
〔解説〕
　　第二級アルコールは酸化を受け、ケトンになる。

【問 34】　2
〔解説〕
　　トルエンはベンゼンの水素原子一つをメチル基 CH₃ に置き換えたものである。
　　フェノールの酸性度は炭酸よりも弱い。安息香酸の酸性度は塩酸よりもはるかに
　弱い。サリチル酸はベンゼン環に COOH と OH を持つ化合物である。
【問 35】　1
〔解説〕
　　Na⁺イオンはスルホ基(-SO₃H) と次のように反応する。
　　Na⁺ + -SO₃H →-SO₃Na + H⁺よって塩化ナトリウム水溶液を陽イオン交換樹脂に
　通すと、NaCl + -SO₃H →-SO₃Na + HCl となり、酸性度が上がっていく。

関西広域連合統一〔滋賀県、京都府、大阪府、和歌山県、兵庫県、徳島県〕

【令和4年度実施】

（一般・農業用品目・特定品目共通）

【問21】　3
〔解説〕
　　解答のとおり

【問22】　2
〔解説〕
　　一般的に非金属元素同士の結合は共有結合、金属原子と非金属原子の結合はイオン結合となる。

【問23】　2
〔解説〕
　　5.0%塩化ナトリウム水溶液 700 g に含まれる溶質の重さは 700 × 0.05 = 35 g。同様に15%塩化ナトリウム水溶液 300 g に含まれる溶質の重さは 300 × 0.15 = 45 g。よってこの混合溶液の濃度は （35 + 45)/(700 + 300)× 100 = 8.0 %

【問24】　3
〔解説〕
　　濃度 2.00 mol/L の塩化ナトリウム水溶液 500 mL に含まれる塩化ナトリウムの物質量は 1.00 mol である。塩化ナトリウムの式量は 58.5 であるから 58.5 g となる。

【問25】　3
〔解説〕
　　pH 3 ということは水素イオン濃度$[H^+]$は $1.0 × 10^{-3}$ となる。モル濃度×電離度＝水素イオン濃度であるので、$x × 0.020 = 1.0 × 10^{-3}$, x = 0.05 mol/L

【問26】　3
〔解説〕
　　チンダル現象はコロイド粒子の溶液に光を当てると、光の筋がみえる現象である。タンパク質やでんぷんは親水コロイドに分類される。

【問27】　5
〔解説〕
　　イオン結合結晶の融点および沸点は非常に高い。

【問28】　4
〔解説〕
　　分子結晶は金属や電解質ではないため、融解しても電気を流さない。

【問29】　1
〔解説〕
　　亜鉛は電子を失うので酸化される。$Zn → Zn^{2+} + 2e^-$

【問30】　4
〔解説〕
　　一般的に酸性を示す塩は強酸弱塩基からなる塩である。

【問31】　4
〔解説〕
　　Na^+を含む溶液にどのような陰イオンを加えても沈殿することはない。

【問32】　1
〔解説〕
　　非共有電子対が別の分子や原子、イオンと結合することを配位結合という。

【問33】　5
〔解説〕
　　炭化水素は炭素原子と水素原子のみからなる化合物の総称であり、鎖状ではアルカン・アルケン・アルキンがある。アルカンは単結合のみで構成され、アルケンは二重結合をもち、アルキンは三重結合をもつ。

【問34】　5
〔解説〕
　　アニリンはアミノ基があるため弱塩基性物質になる。

【問 35】　2
〔解説〕
　　単体が反応に関与するものはすべて酸化還元反応である。

〔基礎化学編〕

奈良県
【令和２年度実施】
(注)特定品目はありません

(一般・農業用品目共通)
問 21 〜 31　　問 21　5　　問 22　3　　問 23　3　　問 24　5　　問 25　1　　問 26　5
　　　　　　　　問 27　3　　問 28　4　　問 29　1　　問 30　4　　問 31　1

〔解説〕
　　問 21　Li は全元素の中で最もイオン化傾向が大きい。
　　問 22　解答のとおり　　　問 23　$Ca(OH)_2 + CO_2 \rightarrow CaCO_3 + H_2O$
　　問 24　解答のとおり　　　問 25　解答のとおり
　　問 26　両性金属元素は Zn, Al, Sn, Pb である。
　　問 27　サリチル酸はベンゼン(C_6H_6)の水素原子二つが、それぞれ OH と COOH
　　　　　に変化した化合物である。
　　問 28　水素の酸化数は+1、酸素の酸化数は－2である。
　　問 29　$2KMnO_4 + 3H_2SO_4 + 5(COOH)_2 \rightarrow 2MnSO_4 + 8H_2O + 10CO_2 + K_2SO_4$
　　問 30　Li は赤、Sr は紅、K は紫、Na は黄色、Cu は緑色の炎色反応を示す。
　　問 31　アルキンは分子内に炭素-炭素三重結合を有する。アセチレン：$HC \equiv CH$

問 32　2
〔解説〕
　　Pt はイオン化傾向がものすごく小さいため、非常に酸化されにくい。

問 33　3
〔解説〕
　　Fe^{2+}は淡緑色、Fe^{3+}は黄褐色であり、どちらのイオンも 6 配位である。Fe^{3+}を含む溶液にチオシアン酸イオンが加わると血赤色となる。

問 34　3
〔解説〕
　　Ag^+と Cu^{2+}が含まれる溶液の電気分解では、よりイオン化傾向の小さい Ag^+が電子を受け取って先に沈殿し、次いで Cu^{2+}が電子を受け取り沈殿する。

問 35　4
〔解説〕
　　エタノールを酸化するとアセトアルデヒドを経て酢酸となる。バイルシュタイン反応は有機ハロゲン化合物の確認反応である。

問 36　3
〔解説〕
　　ベンゼンに濃硝酸と濃硫酸を加えて加熱すると、ニトロベンゼンができる。

問 37　3
〔解説〕
　　酸素 O_2 の代表的な同素体としてオゾン O_3 がある。

問 38　4
〔解説〕
　　1.8×10^{24} 個の酸素分子のモル数は 6.0×10^{23} で割ると、3.0 mol となる。酸素の分子量は 32 であるから、$32 \times 3.0 = 96$ g。

問 39　2
〔解説〕
　　40 ℃の硝酸カリウム飽和溶液 80 g に含まれる硝酸カリウム(x)と水の重さ(y)は、60/160 = x/80, x = 30 g, x + y = 80 より y = 50 g。よって 60 ℃では水 50 g に硝酸カリウムは 55 g 溶解するから、60 ℃の硝酸カリム溶液 80 g にはさらに 25 g の硝酸カリウムを溶かすことができる。

問 40　4
〔解説〕
　　プロパンのモル数を n モル、ブタンのモル数を m モルとおく。反応式はそれぞ
れ $nC_3H_8 + 5nO_2 \rightarrow 3nCO_2 + 4nH_2O$ と $mC_4H_{10} + 13/2mO_2 \rightarrow 4mCO_2 + 5mH_2O$ とな
る。生成した二酸化炭素は 11 L、水は 14 L であるから、次の連立方程式が成り
立つ。$3n + 4m = 11/22.4$ …①式　$4n + 5m = 14/22.4$ …②式。この式を解くと、n =
1/22.4, m = 2/22.4 となる。よって必要な酸素のモル数は反応式より、$5 \times 1/22.4 +
13/2 \times 2/22.4 = 18/22.4$ モルとなる。1 モル = 22.4 L であるから酸素の体積は 18 L
であるが、空気には酸素が 1/5 しか含まれていないので、$18 \times 5 = 90$ L となる。

奈良県
【令和３年度実施】
(注)特定品目はありません

（一般・農業用品目・特定品目共通）

問21〜31　問21　3　問22　4　問23　1　問24　3　問25　4　問26　5
　　　　　　問27　4　問28　3　問29　1　問30　5　問31　3

〔解説〕
　　問21　DNA や RNA を構成する核酸には、アデニン、グアニン、チミン、シト
　　　シン、ウラシルがある。
　　問22　金は Au、アンチモンは Sb、アスタチンは At、水銀は Hg である。
　　問23　空気の平均分子量は約 29 であるため、これよりも分子量が軽い気体が
　　　空気よりも軽くなる。問24・解答のとおり。
　　問25　ほとんどの金属硫化物は黒色を示すが、ZnS は白色、CdS は黄色、SnS
　　　は褐色、MnS は淡赤色となる。
　　問26　ソーダ石灰はアルカリ性の乾燥材であるため、酸性気体である塩化水素
　　　ガスの乾燥には不向きである。
　　問27　ニンヒドリン反応において、一般的なアミノ酸は紫色系統の色を呈する
　　　が、プロリンのような環状アミノ酸では黄色を呈する。
　　問28　選択肢の中で２価のカルボン酸はマレイン酸とコハク酸であるが不飽和
　　　結合を有するのはマレイン酸である（シス型である）。
　　問29　二酸化炭素は直線型の構造を取る。メタンは正四面体型、アンモニアは
　　　三角錐型、水は折れ線型の構造を取る。
　　問30　気体が液体を経ずに固体になる状態変化を昇華、固体が液体になる状態
　　　変化を融解、液体が期待になる状態変化を蒸発、液体が固体になる状態変
　　　化を凝固という。
　　問31　カルボン酸とアルコールが脱水縮合したものをエステルと言い、その反
　　　応をエステル化という。

問32　3
〔解説〕
　　二個の原子が不対電子を出し合って結合する様式を共有結合、自由電子を介し
た結合は金属結合、陽イオンと陰イオンの静電的な結合をイオン結合という。

問33　1
〔解説〕
　　マンガンの酸化数は+2 か+7 をとる。酸化マンガンは水に溶けない黒色固体で
ある。過マンガン酸カリウムは紫色の固体で水に溶解する。

問34　2
〔解説〕
　　ハロゲンの単体は原子番号が小さいものほど反応性が高い。

問35　4
〔解説〕
　　原子核は陽子と中性子からなり、陽子と中性子の重さはほぼ等しい。電子は陽
子の 1/1840 の重さしかなく、一般的に電子の重さは無視することができる。原子
番号が同じで質量数が異なるものを同位体という。

問36　1
〔解説〕
　　フタル酸を加熱すると分子内での脱水反応が起こり、無水フタル酸が生成する。

問37　3
〔解説〕
　　油脂は高級脂肪酸とグリセリンのエステルである（トリグリセリド）。油脂のけ
ん化は強アルカリである水酸化ナトリウムあるいは水酸化カリウムで行う加水分
解反応である。石鹸は硬水中で洗浄力が弱くなる。

問38　5
〔解説〕
　　理想気体の状態方程式 $PV = nRT$ より、$1.0 \times 10^5 \times V = 84/28 \times 8.3 \times 10^3 \times (273+27)$, $V = 74.7$ L

問 39　2
　〔解説〕
　　0.001 mol/L NaOH の pOH は 3 である。pOH+pH = 14 より、pH = 11
問 40　2
　〔解説〕
　　C （黒鉛）+ O_2 = CO_2 +394 kJ …①式、CO + 1/2O_2 = CO_2 + 283 kJ
　　…②式とする。①式－②式より、C + 1/2O_2 = CO + 111 kJ

奈良県

【令和４年度実施】
※特定品目はありません。

（一般・農業用品目・特定品目共通）
問 21 ～ 31　問 21　4　問 22　4　問 23　5　問 24　4　問 25　3　問 26　2
　　　　　　　問 27　1　問 28　3　問 29　3　問 30　4　問 31　2
〔解説〕
　　問 21　　1 g = 1.0 × 10^6 μg である。
　　問 22　　ヘキサン、2-メチルペンタン、3-メチルペンタン、2,3-ジメチルブタン、2,2-ジメチルブタンの 5 種類である。
　　問 23　　沈殿物 b には硫化カドミウムが含まれる。硫化カドミウムは黄色である。
　　問 24　　Zn + H$_2$SO$_4$ → ZnSO$_4$ + H$_2$
　　問 25　　アルカンの語尾はアン (ane) で終わるものである。ノナン (nonane) は C$_9$H$_{20}$ のアルカンである。
　　問 26　　Na の酸化数は+1 なので水素は-1 となる。通常水素の酸化数は+1 であるが、金属と結合している水素の場合は異なる。
　　問 27　　Cu + 4HNO$_3$ → Cu (NO$_3$)$_2$ + 2H$_2$O + 2NO$_2$
　　問 28　　周期表の右上に行くほどイオン化エネルギーは大きくなる。
　　問 29　　エタノール・ブタノール・2-ブタノールは 1 価のアルコール、グリセリンは 3 価のアルコールである。
　　問 30　　塩化水素のみ極性分子、他は無極性分子。
　　問 31　　ナトリウムは M 殻に 1 個の電子を有する。
問 32　3
〔解説〕
　　濃度や温度は反応速度に影響を与える。触媒はそれ自身は変化しない物質である。
問 33　3
〔解説〕
　　電気分解では通じた電気量に比例する。シャルルの法則では体積は絶対温度に比例して増加する。化学反応の前後で総質量が変化しない法則を質量保存の法則という。
問 34　3
〔解説〕
　　疎水コロイドに少量の電解質を加えて沈殿させる操作を凝析という。コロイド溶液に光を当てて光路が見える現象をチンダル現象という。コロイド粒子に溶媒分子がぶつかり不規則な動きをする現象をブラウン運動という。
問 35　1
〔解説〕
　　酸素と化合する反応を酸化という。電子を受け取る変化を還元という。水素を失う変化を酸化という。
問 36　2
〔解説〕
　　ニトロベンゼンをスズと塩酸で還元して得られる。
問 37　1
〔解説〕
　　鉛蓄電池の正極に酸化鉛を用いる。酢酸鉛は無色の結晶である。塩化鉛、硫酸鉛はいずれも白色固体である。
問 38　3
〔解説〕
　　水酸化カルシウムの式量は 74 である。222 × 10^{-3} g の水酸化カルシウムの物質量は 0.003 mol である。これを溶解して 2 L の溶液にした時のモル濃度は 1.5 × 10^{-3} mol/L となる。

問 39　2
〔解説〕
　　2.10 g の炭酸水素ナトリウムの物質量は 0.025 mol である。反応式から炭酸水素ナトリウムの半分量の二酸化炭素が発生するから、0.0125 mol の二酸化炭素が生じる。0.0125 × 22.4 = 0.280 L である。

問 40　5
〔解説〕
　　ある金属 M_2O_3 における M の原子量を x とおく。この分子の分子量は 2x+48 となる。また M_2O_3 のうち、M_2 の割合が 70%であるので、次の比例関係が成り立つ。2x : 48 = 70 : 30,　x = 56

解答・解説編
〔実地〕

〔実地編〕
〔性質及び貯蔵その他取扱方法、識別〕

関西広域連合統一共通〔滋賀県、京都府、大阪府、和歌山県、兵庫県、徳島県〕

【令和2年度実施】

（一般）

【問36】 2
〔解説〕
　この設問は毒物はどれかとあるので、2の亜硝酸イソプロピルが毒物。法第2条第1項→法別表第一→指定令第1条に掲げられている品目が毒物。

【問37】 2
〔解説〕
　この設問は劇物に該当する製剤はどれかとあるので、aの過酸化ナトリウム10％を含む製剤（過酸化ナトリウム5％以下は劇物から除外）とcの水酸化ナトリウム10％を含む製剤（水酸化ナトリウム5％以下は劇物から除外）が該当する。法第2条第2項→法別表第二→指定令第2条に掲げられている品目が劇物。

【問38】 3
〔解説〕
　弗化水素酸（弗酸）は、毒物。弗化水素の水溶液で無色またわずかに着色した透明の液体。水にきわめて溶けやすい。貯蔵法は銅、鉄、コンクリートまたは木製のタンクにゴム、鉛、ポリ塩化ビニルあるいはポリエチレンのライニングをほどこしたものに貯蔵する。

【問39】 4
〔解説〕
　クロルスルホン酸は劇物。無色または淡黄色、発煙性、刺激臭の液体。水と激しく反応する。クロルスルホン酸 $ClSO_3H$ は加水分解（$2ClSO_3H + 2H_2O \rightarrow 2HCl + H_2SO_4$）すると、塩酸と硫酸になるのでアルカリによる中和法。

【問40】 5
〔解説〕
　aが誤り。ブロムメチル CH_3Br の貯蔵法については、常温では気体であるため、常温で気体なので、圧縮冷却して液化し、圧縮容器に入れ、直射日光、その他温度上昇の原因を避けて、冷暗所に貯蔵する。

【問41】 2
〔解説〕
　クロルメチル CH_3Cl は、劇物。無色の気体。エーテル様の臭いと甘味を有する。水にわずかに溶ける。圧縮すれば無色の液体になる。用途は煙霧剤、冷凍剤。

【問42】 4
〔解説〕
　ジクワットは、劇物で、ジピリジル誘導体で淡黄色結晶、水に溶ける。中性又は酸性で安定、アルカリ溶液でうすめる場合には、2～3時間以上貯蔵できない。腐食性を有する。土壌等に強く吸着されて不活性化する性質がある。用途は、除草剤。

【問43】 3
〔解説〕
　ニコチンは、毒物。アルカロイドであり、純品は無色、無臭の油状液体であるが、空気中では速やかに褐変する。猛烈な神経毒。

【問44】 4
〔解説〕
　bの塩素が誤り。塩素 Cl_2 は、黄緑色の窒息性の臭気をもつ空気より重い気体。ハロゲンなので反応性大。水に溶ける。中毒症状は、粘膜刺激、目、鼻、咽喉および口腔粘膜に障害を与える。

【問45】　5
〔解説〕
　　解答のとおり。
【問46】　4
〔解説〕
　　無水クロム酸(三酸化クロム、酸化クロム(Ⅳ))CrO₃ は、劇物。暗赤色の結晶またはフレーク状で、水に易溶、潮解性、きわめて強い酸化剤である。
【問47】　2
〔解説〕
　　沃化水素酸は、劇物。無色の液体。ヨード水素の水溶液に硝酸銀溶液を加えると、淡黄色の沃化銀の沈殿を生じる。この沈殿はアンモニア水にはわずかに溶け、硝酸には溶けない。
【問48】　1
〔解説〕
　　ベタナフトールの鑑別法；1)水溶液にアンモニア水を加えると、紫色の蛍石彩をはなつ。　2)水溶液に塩素水を加えると白濁し、これに過剰のアンモニア水を加えると澄明となり、液は最初緑色を呈し、のち褐色に変化する。
【問49】　1
〔解説〕
　　ホルマリンはホルムアルデヒド HCHO の水溶液。フクシン亜硫酸はアルデヒドと反応して赤紫色になる。アンモニア水を加えて、硝酸銀溶液を加えると、徐々に金属銀を析出する。またフェーリング溶液とともに熱すると、赤色の沈殿を生ずる。
【問50】　5
〔解説〕
　　潮解性を示す物質は、c の亜硝酸カリウムと d の水酸化ナトリウムである。亜硝酸カリウム KNO₂ は劇物。白色又は微黄色の固体。潮解性がある。水に溶けるが、アルコールには溶けない。水酸化ナトリウム(別名：苛性ソーダ)NaOH は、劇物。白色結晶性の固体、潮解性(空気中の水分を吸って溶解する現象)および空気中の炭酸ガス CO₂ と反応して炭酸ナトリウム Na₂CO₃ になる。

（農業用品目）

【問36】　2
〔解説〕
　　a と c が正しい。a のナラシンは 10 ％以下は毒物から除外だが、設問では、10 ％を超えてとあるので毒物。c のメトミルは 45 ％以下は毒物から除外だが、設問では、45 ％以下を含有する製剤は毒物に該当しない。設問のとおり毒物から除外。なお、b のアバメクチンは 1.8 ％以下は劇物であるので、設問は誤り。d のエマメクチンは 2 ％以下は劇物から除外だが、設問では、2 ％以下とあるので劇物から除外。
【問37】　2
〔解説〕
　　2 のダイアジノンは、0.005 ％以下は毒物から除外。設問のとおり。なお、1 のピラクロストロピンは、6.8 ％以下は劇物から除外であるので、設問にある 20 ％を含有する製剤は劇物となる。よって誤り。3 のイミダクロプリドは、2 ％以下を含有する製剤は劇物から除外。設問は誤り。5 のカルタップは、2 ％以下を含有する製剤は劇物から除外。設問は誤り。
【問38】　3
〔解説〕
　　この設問で正しいのは、b の燐化アルミニウムとその分解促進剤を含有する製剤と c のアンモニア水についてかの貯蔵方法が正しい。なお、EPN については、EPN は、有機リン製剤、毒物(1.5 ％以下は除外で劇物)、芳香臭のある淡黄色油状(工業用製品)または融点 36 ℃の白色結晶。水に不溶、有機溶媒に可溶。不快臭。貯蔵法は揮発しやすいため、よく密栓し火気をさけ、直射日光の当たらない冷暗所に貯蔵する。d のブロムメチル CH₃Br は可燃性・引火性が高いため、火気・熱源から遠ざけ、直射日光の当たらない換気性のよい冷暗所に貯蔵する。耐圧等の容器は錆防止のため床に直置きしない。

【問39】 4
〔解説〕
　この設問では廃棄方法についてで、bの燐化亜鉛とdの硫酸第二銅が正しい。なお、aの硫酸の廃棄方法は、酸なので廃棄方法はアルカリで中和後、水で希釈する中和法。cのメトミルの廃棄方法は、スクラバーを具備した焼却炉で焼却する、もしくは水酸化ナトリウム水溶液等と加温して加水分解する。

【問40】 5
〔解説〕
　問39と同様に廃棄方法についてで、cのクロルピクリンとdのダイアジノンが正しい。なお、aの塩素酸カリウムの廃棄方法は、無色の結晶。水に可溶、アルコールに溶けにくい。チオ硫酸ナトリウム等の還元剤の水溶液に希硫酸を加えて酸性にし、この中 に少量ずつ投入する。反応終了後、反応液を中和し、多量の水で希釈して処理する還元法。bのDDVPの廃棄方法等は、劇物。刺激性があり、比較的揮発性の無色の油状の液体。水に溶けにくい。廃棄方法は木粉（おが屑）等に吸収させてアフターバーナー及びスクラバーを具備した焼却炉で焼却する燃焼法と10倍量以上の水と攪拌しながら加熱乾留して加水分解し、冷却後、水酸化ナトリウム等の水溶液で中和するアルカリ法。

【問41】 2
〔解説〕
　aとcが正しい。なお、bとdについては次のとおり。イソキサチオンは有機リン系で淡黄褐色液体、水に難溶、有機溶剤に易溶の農薬である。中毒症状が発現した場合は、PAM又は硫酸アトロピンを用いた適切な解毒手当を受ける。

【問42】 4
〔解説〕
　cのみ誤り。クロルピクリン CCl_3NO_2 は、無色〜淡黄色液体、催涙性、粘膜刺激臭。水に不溶。線虫駆除、燻蒸剤。毒性・治療法は、血液に入りメトヘモグロビンを作り、また、中枢神経、心臓、眼結膜を侵し、肺にも強い傷害を与える。治療法は酸素吸入、強心剤、興奮剤。

【問43】 3
〔解説〕
　解答のとおり。

【問44】 4
〔解説〕
　解答のとおり。

【問45】 5
〔解説〕
　クロルメコトの用途について、5が正しい。クロルメコトは、劇物。白色結晶。魚臭い。エーテルには溶けない。水、低級アルコールには溶ける。用途は農薬の植物成長調整剤。

【問46】 4
〔解説〕
　カズサホスは、10％を超えて含有する製剤は毒物、10％以下を含有する製剤は劇物。有機リン製剤、硫黄臭のある淡黄色の液体。水に溶けにくい。有機溶媒に溶けやすい。比重1.05（20℃）、沸点149℃。用途は殺虫剤。

【問47】 2
〔解説〕
　パラコートは、毒物で、ジピリジル誘導体で無色結晶性粉末、水によく溶け低級アルコールに僅かに溶ける。アルカリ性では不安定。金属に腐食する。不揮発性。用途は除草剤。

【問48】 1
〔解説〕
　塩素酸ナトリウム $NaClO_3$ は、劇物。無色無臭結晶で潮解性をもつ。酸化剤、水に易溶。有機物や還元剤との混合物は加熱、摩擦、衝撃などにより爆発することがある。酸性では有害な二酸化塩素を発生する。また、強酸と作用して二酸化炭素を放出する。除草剤。

【問49】 1
〔解説〕
　テフルトリンは、5％を超えて含有する製剤は毒物。0.5％以下を含有する製剤は劇物。淡褐色固体。水にほとんど溶けない。有機溶媒に溶けやすい。用途は野菜等のコガネムシ類等の土壌害虫を防除する農薬（ピレスロイド系農薬）。。

【問50】　5
〔解説〕
　　フェンチオン MPP は、劇物(2％以下除外)、有機リン剤、淡褐色のニンニク臭をもつ液体。有機溶媒には溶けるが、水には溶けない。稲のニカメイチュウ、ツマグロヨコバイなどの殺虫に用いる。

（特定品目）

【問36】　2
〔解説〕
　　この設問では、劇物に該当しないものとあるので、2の水酸化カルシウム及びこれを含有する製剤は毒物及び劇物取締法に規定されていない。

【問37】　2
〔解説〕
　　この設問は廃棄方法の基準について誤っているものはどれかとあるので、2の過酸化水素が誤り。過酸化水素の廃棄方法は、多量の水で希釈して処理する希釈法。

【問38】　3
〔解説〕
　　メタノールについて誤っているのは、3である。メタノール(メチルアルコール) CH_3OH は、劇物。(別名：木精)無色透明。揮発性の可燃性液体である。沸点64.7℃。蒸気は空気より重く引火しやすい。水とよく混和する。

【問39】　4
〔解説〕
　　硝酸について誤っているものは、4である。硝酸 HNO_3：市販品は約68％で濃硝酸といい、無色発煙性の刺激臭液体、強酸性、強酸化剤、比重1.4。金、白金などの白金族以外と反応する。金、白金などは王水(濃塩酸＋濃硝酸)で反応する。高濃度のものは水と急激に接触すると熱を発生する。濃いものは皮膚に触れると NO_2 を発生し、次第に黄色なる(キサントプロテイン反応)。

【問40】　5
〔解説〕
　　解答のとおり。

【問41】　2
〔解説〕
　　アンモニア NH_3 は、劇物。10％以下で劇物から除外。特有の刺激臭がある無色の気体で、圧縮することにより、常温でも簡単に液化する。空気中では燃焼しないが、酸素中では黄色の炎を上げて燃焼する。

【問42】　4
〔解説〕
　　二酸化鉛にいてで、a が誤り。二酸化鉛は、茶褐色の粉末で、水、アルコールには溶けない。

【問43】　3
〔解説〕
　　重クロム酸カリウム $K_2Cr_2O_7$ は橙赤色結晶、水に易溶。用途は、工業用に酸化剤、媒染剤、製皮用、電気メッキ、電池調整用、顔料原料等に用いられる。

【問44】　4
〔解説〕
　　解答のとおり。

【問45】　5
〔解説〕
　　酢酸エチル $CH_3COOC_2H_5$ は、無色果実臭の可燃性液体で、その用途は主に溶剤や合成原料、香料に用いられる。吸入したとき、はじめに短時間の興奮期を経て、麻酔状態におちいることがある。蒸気は粘膜を刺激し、持続的に吸入するときは、肺、腎臓及び心臓の障害をきたす。。

【問46】　4
〔解説〕
　　解答のとおり。

【問 47】　　2
　〔解説〕
　　　aとcが正しい。なお、bの水酸化カリウム KOH（別名苛性カリ）は劇物（5％以下は劇物から除外。）で白色の固体で、水、アルコールには熱を発して溶けるが、アンモニア水には溶けない。　dの一酸化鉛 PbO（別名リサージ）は劇物。重い粉末で、黄色から赤色の間の様々なものがある。水にはほとんど溶けないが、酸、アルカリにはよく溶ける。

【問 48】　　1
　〔解説〕
　　　aとbが正しい。なお、cの塩素は、常温では、窒息性臭気をもち黄緑色気体である。冷却すると黄色溶液を経て黄白色固体となる。dのホルマリンは無色透明な刺激臭の液体、低温ではパラホルムアルデヒドの生成により白濁または沈澱が生成することがある。水、アルコールとは混和する。エーテルには混和しない。

【問 49】　　1
　〔解説〕
　　　aとbが正しい。cのホルマリンは、低温で混濁することがあるので、常温で貯蔵する。一般に重合を防ぐため 10 ％程度のメタノールが添加してある。dのメタノール CH₃OH は特有な臭いの無色透明な揮発性の液体。サリチル酸と濃硫酸とともに熱すると、芳香あるエステル類を生じる。

【問 50】　　5
　〔解説〕
　　　解答のとおり。

関西〔取扱・実地解答・解説〕・令和二年

- 134 -

関西広域連合統一共通〔滋賀県、京都府、大阪府、和歌山県、兵庫県、徳島県〕

【令和3年度実施】

（一般）

【問36】 3

〔解説〕

この設問では、劇物に該当しないものとあるので、3のホスゲンは毒物

【問37】 4

〔解説〕

この設問では、毒物に該当しないものとあるので、シアン酸ナトリウムは劇物

【問38】 5

〔解説〕

解答のとおり。

【問39】 4

〔解説〕

この設問は、廃棄方法についてで、bとdが正しい。bのホスゲンは独特の青草臭のある無色の圧縮液化ガス。蒸気は空気より重い。廃棄法はアルカリ法：アルカリ水溶液(石灰乳又は水酸化ナトリウム水溶液等)中に少量ずつ滴下し、多量の水で希釈して処理するアルカリ法。dのホルムアルデヒド HCHO は還元性なので、廃棄はアルカリ性下で酸化剤で酸化した後、水で希釈処理する酸化法。因みに、aのクレゾールの廃棄法は廃棄方法は①木粉(おが屑)等に吸収させて焼却炉の火室へ噴霧し、焼却する焼却法。②可燃性溶剤と共に焼却炉の火室へ噴霧し焼却する②活性汚泥で処理する活性汚泥法である。cの水銀 Hg は、毒物。常温で液状の金属。金属光沢を有する重い液体。廃棄法は、そのまま再利用するため蒸留する回収法。

【問40】 3

〔解説〕

この設問は、廃棄方法についてで、bとcが正しい。bの一酸化鉛 PbO は、水に難溶性の重金属なので、そのままセメント固化し、埋立処理する固化隔離法。cのエチレンオキシドは、劇物。廃棄法：多量の水に少量ずつガスを吹き込み溶解し希釈した後、少量の硫酸を加えエチレングリコールに変え、アリカリ水で中和し、活性汚泥で処理する活性汚泥法。因みに、aのアクロレイン CH₂=CHCHO 刺激臭のある無色液体。廃棄法は、木粉(おが屑)等に吸収させて焼却炉で焼却する燃焼法。dの二硫化炭素 CS₂ は、劇物。無色透明の麻酔性芳香をもつ液体。ながく吸入すると麻酔をおこす。廃棄法は、多量の水酸化ナトリウム(10％程度)に攪拌しながら少量ずつガスを吹き込み分解した後、希硫酸を加えて中和する酸化法。

【問41】 4

〔解説〕

この設問は用途についで、aとbが正しい。aの過酸化水素 H₂O₂ は、酸化漂白作用を有しているので、工業上、漂白剤として用いられる。bのクロロプレンは劇物。無色の揮発性の液体。用途は合成ゴム原料等。因みに、cのニトロベンゼン C₆H₅NO₂ 特有な臭いの淡黄色液体。用途はアニリンの製造原料、合成化学の酸化剤、石けん香料に用いられる。

【問42】 2

〔解説〕

アジ化ナトリウム NaN₃：毒物、無色板状結晶で無臭。徐々に加熱すると分解し、窒素とナトリウムを発生。酸によりアジ化水素 HN₃ を発生。用途は試薬、医療検体の防腐剤、エアバッグのガス発生剤。

【問 43】　1
〔解説〕
　　解答のとおり。
【問 44】　3
〔解説〕
　　この設問の解毒剤又は治療剤については、ｂが誤り。ｂのカーバーメート系殺
虫剤における解毒剤又は治療剤は、硫酸アトロピン(PAM は無効)、SH 系解毒剤
の BAL、グルタチオン等。
【問 45】　5
〔解説〕
　　解答のとおり。
【問 46】　4
〔解説〕
　　ａの無水クロム酸が誤り。無水クロム酸(三酸化クロム、酸化クロム(IV))CrO₃
は、劇物。暗赤色の結晶またはフレーク状で、水に易溶、潮解性、用途は酸化剤。
劇物。潮解している場合でも可燃物と混合すると常温でも発火することがある。
また、潮解し易く直ちに火傷を起こすので、皮膚に触れないように注意する。
【問 47】　1
〔解説〕
　　この設問における物質とその性状では、ａとｂが正しい。ｃのギ酸(HCOOH)
は劇物。無色の刺激性の強い液体で、腐食性が強く、強酸性。還元性がある。水、
アルコール、エーテルに可溶。還元性のあるカルボン酸で、ホルムアルデヒドを
酸化することにより合成される。
【問 48】　2
〔解説〕
　　この設問では、ａのみが正しい。ａのジボランは毒物。無色のビタミン臭のあ
る気体。可燃性。水によりすみやかに加水分解する。用途は特殊材料ガス。なお、
ｂのセレント Se は、毒物。灰色の金属光沢を有するペレット又は黒色の粉末。融
点 217 ℃。水に不溶。硫酸、二硫化炭素に可溶。ｃの弗化水素酸(HF・aq)は毒物。
弗化水素の水溶液で無色またはわずかに着色した透明の液体。特有の刺激臭があ
る。不燃性。濃厚なものは空気中で白煙を生ずる。ガラスを腐食する作用がある。
【問 49】　1
〔解説〕
　　ａのみが正しい。ａの黄リン P₄ は、毒物。白色又は淡黄色のロウ様半透明の結
晶性固体。ニンニク臭を有し、水には不溶である。なお、ｂのメチルアミン(CH₃NH₂)
は劇物。無色でアンモニア臭のある気体。メタノール、エタノールに溶けやすく、
引火しやすい。また、腐食が強い。ｃのメチルメルカプタン CH₄S は、毒物。腐
ったキャベツ状の悪臭のある気体。水に可溶。結晶性の水化物をつくる。
【問 50】　5
〔解説〕
　　四塩化炭素(テトラクロロメタン)CCl₄ は、特有な臭気をもつ不燃性、揮発性無
色液体、水に溶けにくく有機溶媒には溶けやすい。洗濯剤、清浄剤の製造などに
用いられる。確認方法はアルコール性 KOH と銅粉末とともに煮沸により黄赤色
沈殿を生成する。

関西〔取扱・実地解答・解説〕・令和三年

（農業用品目）

【問36】 3
　〔解説〕
　　農業用品目販売業者の登録が受けた者が販売できる品目については、法第四条の三第一項→施行規則第四条の二→施行規則別表第一に掲げられている品目である。このことからｂの弗化スルフリルとｃの燐化アルミニウムとその分解促進剤とを含有する製剤。

【問37】 4
　〔解説〕
　　この設問は除外される濃度についてで、ｂのホスチアゼートとｄのチアクロプリドが該当する。なお、ａのベンフラカルブは除外される濃度は、6％以下である。ｃのトリシクラゾールは除外される濃度は、8％以下である。

【問38】 5
　〔解説〕
　　この設問における廃棄方法で正しいのは、ｃとｄである。因みに、ａのシアン化カリウムの廃棄方法について、シアン化カリウム KCN は、毒物。無色の塊状又は粉末。廃棄方法は2つある。①酸化法　水酸化ナトリウム水溶液を加えてアルカリ性(pH11 以上)とし、酸化剤(次亜塩素酸ナトリウム、さらし粉等)等の水溶液を加えて CN 成分を酸化分解する。CN 成分を分解したのち硫酸を加え中和し、多量の水で希釈して処理する。②アルカリ法　水酸化ナトリウム水溶液等でアリカリ性とし、高温加圧下で加水分解する。ｂの硫酸亜鉛の廃棄方法については、硫酸亜鉛 $ZnSO_4$ の廃棄方法は、水に溶かし、消石灰、ソーダ灰等の水溶液を加えて生じる沈殿物をろ過してから埋立する沈澱法。

【問39】 4
　〔解説〕
　　この設問における廃棄方法で正しいのは、ｂとｄである。因みに、ａのブロムメチルの廃棄方法については、ブロムメチル(臭化メチル)CH_3Br は、燃焼させるとｃは炭酸ガス、H は水、ところが Br は HBr(強酸性物質、気体)などになるのでスクラバーを具備した焼却炉が必要となる燃焼法。ｃのジクワットの廃棄方法については、ジクワットは、劇物で、ジピリジル誘導体で淡黄色結晶、水に溶ける。除草剤。4 級アンモニウム塩なので中性あるいは酸性で安定。廃棄方法は、有機物なので燃焼法、但しアフターバーナーとスクラバーを具備した焼却炉で焼却。

【問40】 3
　〔解説〕
　　この設問での物質が飛散又は漏えい時の措置で正しいのは、ｂとｃが正しい。なお、ａのダイアジノンについては、有機リン製剤。接触性殺虫剤、かすかにエステル臭をもつ無色の液体、水に難溶、有機溶媒に可溶。付近の着火源となるものを速やかに取り除く。空容器にできるだけ回収し、その後消石灰等の水溶液を多量の水を用いて洗い流す。　ｄのクロルピクリン CCl_3NO_2 は、無色～淡黄色液体、催涙性、粘膜刺激臭。水に不溶。少量の場合、漏洩した液は布でふきとるか又はそのまま風にさらとて蒸発させる。有機化合物で揮発性があることから、有機ガス用防毒マスクを用いる。

【問41】 4
　〔解説〕
　　この設問における物質の用途については、4 が正しい。なお、1 のクロルピクリン CCl_3NO_2 は、劇物。無色～淡黄色液体、催涙性、粘膜刺激臭。水に不溶。用途は、線虫駆除、燻蒸剤。　2 のメトミルは劇物。白色結晶。水、メタノール、アルコールに溶ける。用途は殺虫剤に用いられる。5 のクロルフェナピルは劇物。類白色の粉末固体。水にほとんど溶けない。用途は殺虫剤、しろあり防除に用いられる。

【問 42】　　2
〔解説〕
　この設問では殺鼠剤はどれかとあるので、a の燐化亜鉛と d のダイファシノンが該当する。因みに、b のチアクロプリドは、黄色粉末結晶、用途はネオニコチノイド系の殺虫剤。c のチオシクラムは劇物。無色無臭の結晶。用途は農業殺虫剤(ネライストキシン系殺虫剤)。

【問 43】　　1
〔解説〕
　解答のとおり。

【問 44】　　3
〔解説〕
　EPN は、有機リン製剤、毒物(1.5 %以下は除外で劇物)、芳香臭のある淡黄色油状または融点 36 ℃の結晶。水に不溶、有機溶媒に可溶。遅効性殺虫剤(アカダニ、アブラムシ、ニカメイチュウ等)　有機リン製剤の中毒：コリンエステラーゼを阻害し、頭痛、めまい、嘔吐、言語障害、意識混濁、縮瞳、痙攣など。治療薬は硫酸アトロピンと PAM。

【問 45】　　5
〔解説〕
　塩素酸ナトリウム NaClO₃ は、劇物。無色無臭結晶で潮解性をもつ。酸化剤、水に易溶。有機物や還元剤との混合物は加熱、摩擦、衝撃などにより爆発することがある。酸性では有害な二酸化塩素を発生する。また、強酸と作用して二酸化炭素を放出する。用途は、除草剤として用いられる。

【問 46】　　4
〔解説〕
　ジクワットは一水和物は淡黄色結晶。水に溶けるが、アルコールにはわずかに溶けるが、一般の有機溶媒には溶けない。中性または酸性条件下では安定。腐食性があり、紫外線により分解し、除草剤として用いられる。

【問 47】　　1
〔解説〕
　トリシクラゾールは、劇物、無色無臭の結晶で臭いはない。水、有機溶剤にあまり溶けない。農業用殺菌剤でイモチ病に用いる。劇物であるが、8 %以下を含有するものは普通物である。

【問 48】　　2
〔解説〕
　硫酸銅、硫酸銅(Ⅱ)CuSO₄・5H₂O は、濃い青色の結晶。風解性。水に易溶、水溶液は酸性。劇物。

【問 49】　　1
〔解説〕
　シアン酸ナトリウム NaOCN は、白色の結晶性粉末、水に易溶、有機溶媒に不溶。熱水で加水分解。劇物。除草剤として用いられる。

【問 50】　　5
〔解説〕
　フルバリネートは劇物。淡黄色ないし黄褐色の粘稠性液体。水に難溶。熱、酸性には安定である。ただし、太陽光、アルカリに不安定。用途は野菜、果樹、園芸植物のアブラムシ類、ハダニ類、アオムシ等の殺虫剤として用いられる。

（特定品目）

【問 36】 3
〔解説〕
　　特定品目販売業の登録を受けた者が販売できる品目については、法第四条の三第二項→施行規則第四条の三→施行規則別表第二に掲げられている品目のみである。このことから c の塩基性酢酸鉛、d の硝酸 20 ％を含有する製剤、e のクロム酸酸カリウム 20 ％を含有する製剤が該当する。

【問 37】 4
〔解説〕
　　この設問は除外濃度のことで、b の水酸化ナトリウム 8 ％を含有する製剤は劇物。ただし、5 ％以下は劇物から除外。d 硅弗化ナトリウムは劇物。なお、a の蓚酸について、10 ％以下は劇物から除外。c のアンモニアについても、10 ％以下は劇物から除外。これにより、a と c については劇物から除外される。

【問 38】 5
〔解説〕
　　設問のとおり。

【問 39】 4
〔解説〕
　　重クロム酸塩類及びこれを含有する製剤〔重クロム酸カリウム、重クロム酸ナトリウム、重クロム酸アンモニウム〕における廃棄方法は希硫酸に溶かし、クロム酸を遊離させ、還元剤の水溶液を過剰に用いて還元したのち、消石灰、ソーダ灰等の水溶液で処理し、水酸化クロムとして沈殿ろ過する還元沈殿法。

【問 40】 3
〔解説〕
　　解答のとおり。

【問 41】 4
〔解説〕
　　この設問における用途では、b と c が正しい。因みに、a の塩化水素 HCl は、劇物。常温で無色の刺激臭のある気体。腐食性を有し、不燃性。湿った空気中で発煙し塩酸になる。白色の結晶。水、メタノール、エーテルに溶ける。用途は塩酸の製造に用いられるほか、無水物は塩化ビニル原料に用いられる。

【問 42】 2
〔解説〕
　　この設問では a の硅弗化ナトリウムと d のトルエンの用途が正しい。なお、b のメチルエチルケトン CH₃COC₂H₅ は、劇物。アセトン様の臭いのある無色液体。引火性。有機溶媒。用途は接着剤、印刷用インキ、合成樹脂原料、ラッカー用溶剤に用いられる。c のクロロホルム CHCl₃ は、無色、揮発性の重い液体で特有の香気とわずかな甘みをもち、麻酔性がある。不燃性。水にわずかに溶ける。用途はゴムやニトロセルロース等の溶剤、合成樹脂原料、医薬品原料として用いられる。

【問 43】 1
〔解説〕
　　解答のとおり。

【問 44】 3
〔解説〕
　　この設問は物質の毒性についてで、b のクロム酸ナトリウムが誤り。クロム酸ナトリウム Na₂CrO₄・10H₂O は黄色結晶、酸化剤、潮解性。水によく溶ける。吸入した場合は、鼻、のど、気管支等の粘膜が侵され、クロム中毒を起こすことがある。皮膚に触れた場合は皮膚炎又は潰瘍を起こすことがある。

【問 45】 5
〔解説〕
　　解答のとおり。

【問 46】　　4
〔解説〕
　　bとdが正しい。なお、aの一酸化鉛 PbO(別名リサージ)は劇物。赤色～赤黄色結晶。重い粉末で、黄色から赤色の間の様々なものがある。水にはほとんど溶けないが、酸、アルカリにはよく溶ける。 cの過酸化水素 H₂O₂ は、無色無臭で粘性の少し高い液体。徐々に水と酸素に分解(光、金属により加速)する。安定剤として酸を加える。　ヨード亜鉛からヨウ素を析出する。過酸化水素自体は不燃性。しかし、分解が起こると激しく酸素を発生する。周囲に易燃物があると火災になる恐れがある。

【問 47】　　1
〔解説〕
　　aとbが正しい。なお、cの重クロム酸カリウム K₂Cr₂O₄ は、劇物。橙赤色の柱状結晶。水に溶けやすい。アルコールには溶けない。強力な酸化剤。　dのメチルエチルケトン CH₃COC₂H₅ は、劇物。アセトン様の臭いのある無色液体。蒸気は空気より重い。水に可溶。引火性。

【問 48】　　2
〔解説〕
　　aとdが正しい。なお、bのアンモニア NH₃ は、常温では無色刺激臭の気体、冷却圧縮すると容易に液化する。水、エタノール、エーテルに可溶。強いアルカリ性を示し、腐食性は大。水溶液は弱アルカリ性を呈する。 cのホルムアルデヒド HCHO は劇物。無色刺激臭の気体で水に良く溶け、これをホルマリンという。ホルマリンは無色透明な刺激臭の液体、低温ではパラホルムアルデヒドの生成により白濁または沈澱が生成することがある。

【問 49】　　1
〔解説〕
　　aとbが正しい。なお、cの酸化水銀(Ⅱ)HgO は、別名酸化第二水銀、鮮赤色ないし橙赤色の無臭の結晶性粉末のものと橙黄色ないし黄色の無臭の粉末とがある。水にほとんど溶けず、希塩酸、硝酸、シアン化アルカリ溶液に溶ける。 dの水酸化ナトリウム(別名：苛性ソーダ)NaOH は、劇物。白色の固体で、空気中の水分及び二酸化炭素を吸収する。水に溶解するとき強く発熱する。

【問 50】　　5
〔解説〕
　　cとdが正しい。なお、aの蓚酸の水溶液を酢酸で弱酸性にして、酢酸カルシウムを加えると、結晶性の白色沈殿を生じる。同じく、水溶液をアンモニア水で弱アルカリ性にして、塩化カルシウムを加えても、白色沈殿を生じる。bのメタノール CH₃OH は、サリチル酸と濃硫酸とともに熱すると、芳香あるエステル類を生じる。

関西広域連合統一〔滋賀県、京都府、大阪府、和歌山県、兵庫県、徳島県〕

【令和４年度実施】

（一般）

【問36】　5
〔解説〕
　この設問では、劇物に指定されているものはどれかとあるので、d、e がすべて劇物に該当する。なお、a では、ブロモ酢酸エチルは毒物。b は、ベンゼンチオールが毒物。c は三弗化燐は毒物。

【問37】　3
〔解説〕
　この設問では、毒物に指定されているものはどれかとあるので、b、e がすべて毒物に該当する。なお、a はすべて劇物。c は酢酸タリウムが劇物。d はジクロル酢酸が劇物。

【問38】　2
〔解説〕
　この設問の廃棄の方法については、a、c が正しい。a のアニリンは燃焼法。c の過酸化水素は希釈法。なお、b の塩素の廃棄法は、塩素ガスは多量のアルカリに吹き込んだのち、希釈して廃棄するアルカリ法。d の酢酸エチルの廃棄法は、可燃性であるので、珪藻土などに吸収させたのち、燃焼により焼却処理する燃焼法。

【問39】　4
〔解説〕
　解答のとおり。

【問40】　1
〔解説〕
　解答のとおり。

【問41】　2
〔解説〕
　この設問における用途について、b の硅弗化水素酸の用途は、セメントの硬化促進剤、メッキの電解液。鉄製容器に貯蔵。

【問42】　4
〔解説〕
　クロルピクリン CCl_3NO_2 は、無色～淡黄色液体、催涙性、粘膜刺激臭。水に不溶。アルコール、エーテルなどには溶ける。熱に不安定で分解。用途は線虫駆除、土壌燻蒸剤(土壌病原菌、センチュウ等の駆除)。

【問43】　5
〔解説〕
　c の臭素の毒性が誤り。次のとおり。臭素 Br_2 は劇物。刺激性の臭気をはなって揮発する赤褐色の重い液体。臭素は揮発性が強く、かつ腐食作用が激しく、目や上気道の粘膜を強く刺激する。蒸気の吸入により咳、鼻出血、めまい、頭痛等をおこし、眼球結膜の着色、発生異常、気管支炎、気管支喘息様発作等がみられる。

【問44】　3
〔解説〕
　この設問では解毒剤・拮抗剤についてで、b のシアン化合物が誤り。次のとおり。シアン化合物の解毒剤にはチオ硫酸ナトリウム $Na_2S_2O_3$ や亜硝酸ナトリウム $NaNO_2$ を使用。

【問45】　4
〔解説〕
　この設問では貯蔵方法で、c のピクリン酸が誤り。次のとおり。ピクリン酸は爆発性なので、火気に対して安全で隔離された場所に、イオウ、ヨード、ガソリン、アルコール等と離して保管する。鉄、銅、鉛等の金属容器を使用しない。

【問46】　2
〔解説〕
　この設問における物質の性状はすべて正しい。解答のとおり。

【問 47】　1
〔解説〕
　この設問における物質の性状では、b のアセトニトリルが誤り。次のとおり。アクリルニトリル $CH_2=CHCN$ は、僅かに刺激臭のある無色透明な液体。引火性。有機シアン化合物である。硫酸や硝酸など強酸と激しく反応する。
【問 48】　4
〔解説〕
　この設問における物質の性状では、c の塩化第一銅が誤り。次のとおり。塩化第一銅 $CuCl$（あるいは塩化銅（Ⅰ））は、劇物。白色結晶性粉末、湿気があると空気により緑色、光により青色〜褐色になる。水に一部分解しながら僅かに溶け、アルコール、アセトンには溶けない。
【問 49】　2
〔解説〕
　この設問における識別方法では、a の硝酸銀が誤り。次のとおり。硝酸銀 $AgNO_3$ は、劇物。無色結晶。水に溶かして塩酸を加えると、白色の沈殿を生ずる。その液に硫酸と銅屑を加えて熱すると、赤褐色の蒸気を発生する。
【問 50】　5
〔解説〕
　この設問における取扱上の注意では、c の沃化水素酸が誤り。次のとおり。沃化水素酸は、劇物。無色の液体。爆発性でも引火性でもないが、各種の金属と反応して水素ガスを発生し、これが空気と混合して引火爆発するおそれがある。

（農業用品目）

【問 36】　5
〔解説〕
　法第 4 条の 3 第 1 項→施行規則第 4 条の 2 →施行規則別表第一に掲げられているものが農業用品目販売業者の取り扱う毒物及び劇物。このことから c の燐化亜鉛と d のアバメクチンが該当する。
【問 37】　3
〔解説〕
　解答のとおり。
【問 38】　2
〔解説〕
　解答のとおり。
【問 39】　4
〔解説〕
　b、d が該当する。b の塩素酸ナトリウムの廃棄法は、還元法。d のカルバリルの廃棄法は、そのまま焼却炉で焼却するか、可燃性溶剤とともに焼却炉の火室へ噴霧し焼却する焼却法。又は、水酸化カリウム水溶液等と加温して加水分解するアルカリ法。なお、a、c については次のとおり。a のカルタップの廃棄法は、そのままあるいは水に溶解して、スクラバーを具備した焼却炉の火室へ噴霧し、焼却する焼却法。c のメトミルの廃棄法は、1)燃焼法（スクラバー具備）　2)アルカリ法（NaOH 水溶液と加温し加水分解）。
【問 40】　1
〔解説〕
　解答のとおり。
【問 41】　2
〔解説〕
　この設問における物質と用途については、a、c が正しい。a のジクワットは、劇物で、ジピリジル誘導体で淡黄色結晶。用途は、除草剤。c のアセタミプリドは、劇物。白色結晶固体。用途はネオニコチノイド系殺虫剤。なお、b のフルスルファミドは、劇物（0.3 ％以下は劇物から除外）。淡黄色結晶性粉末。用途はアブラン科野菜の根こぶ病等の防除する土壌殺菌剤。d のクロルピリホスは、白色結晶。用途は、果樹の害虫防除、白アリ防除に用いられる。
【問 42】　4
〔解説〕
　この設問では土壌燻蒸剤〔土壌消毒剤〕の物質はどれかとあるので、b、d が該当する。b のクロルピクリン CCl_3NO_2 は、無色〜淡黄色液体。用途は線虫駆除、土壌燻蒸剤（土壌病原菌、センチュウ等の駆除）。d のメチルイソチオシアネート

は劇物。無色結晶。用途は土壌中のセンチュウ類や病原菌などに効果を発揮する土壌消毒剤。なお、a のトリシクラゾールは、劇物。無色無臭の結晶。用途は、農業用殺菌剤(イモチ病に用いる。)(メラニン生合成阻害殺菌剤)。c のテブフェンピラドは劇物。淡い黄色結晶。用途は野菜、果樹等の害虫駆除。

【問 43】　5
〔解説〕
　　メソミル(別名メトミル)は 45 ％以下を含有する製剤は劇物。白色結晶。水、メタノール、アルコールに溶ける。有機燐系化合物。カルバメート剤なので、解毒剤は硫酸アトロピン(PAM は無効)、SH 系解毒剤の BAL、グルタチオン等。用途は殺虫剤。

【問 44】　3
〔解説〕
　　解答のとおり。

【問 45】　4
〔解説〕
　　解答のとおり。

問 46 ～問 50
【問 46】　2　　　【問 47】　1　　　【問 48】　4　　　【問 49】　2　　　【問 50】　5
〔解説〕
　　【問 46】テフルトリンは毒物(0.5 ％以下を含有する製剤は劇物。淡褐色固体。水にほとんど溶けない。有機溶媒に溶けやすい。用途は野菜等のピレスロイド系殺虫剤。【問 47】　クロルピクリン CCl_3NO_2 は、無色～淡黄色液体、催涙性、粘膜刺激臭。水に不溶。線虫駆除、燻蒸剤。　　　【問 48】　イミダクロプリドは、劇物。弱い特異臭のある無色の結晶。水にきわめて溶けにくい。用途は、野菜等のアブラムシ類等の害虫を防除する農薬。(クロロニコチル系殺虫剤)ネオニコチノイド系　　　【問 49】　オキサミルは毒物。白色粉末または結晶、かすかに硫黄臭を有する。加熱分解して有毒な酸化窒素及び酸化硫黄ガスを発生するので、熱源から離れた風通しの良い冷所に保管する。殺虫剤、製剤はバイデート粒剤。カーバメイト系農薬。　　　【問 50】　塩素酸ナトリウム $NaClO_3$ は、劇物。無色無臭結晶で潮解性をもつ。酸化剤、水に易溶。有機物や還元剤との混合物は加熱、摩擦、衝撃などにより爆発することがある。酸性では有害な二酸化塩素を発生する。また、強酸と作用して二酸化炭素を放出する。除草剤。

(特定品目)

【問 36】　5
〔解説〕
　　特定品目販売業者が販売できるものについては、法第四条の三第二項→施行規則第四条の三→施行規則別表第二に掲げられている品目のみである。解答のとおり。

【問 37】　3
〔解説〕
　　施行規則別表第二に示されている。

【問 38】　2
〔解説〕
　　この設問では燃焼法による廃棄法について適切でないものについてで、a の過酸化水素は、希釈法。b の酸化第二水銀は、焙焼法又は沈殿隔離法。c の蓚酸は、燃焼法と活性汚泥法がある。 d のメタノールは、焼却法。e の四塩化炭素は、燃焼法。このことから過酸化水素と酸化第二水銀が燃焼法ではない。

【問 39】　4
〔解説〕
　　b、d が該当する。b の塩素 Cl_2 は劇物。黄緑色の気体で激しい刺激臭がある。冷却すると、黄色溶液を経て黄白色固体。水にわずかに溶ける。廃棄方法は、塩素ガスは多量のアルカリに吹き込んだのち、希釈して廃棄するアルカリ法。d の硫酸は酸なので石灰乳などのアルカリで中和し、水に難溶な $CaSO_4$ とした後、多量の水で希釈処理。なお、a のアンモニア NH_3(刺激臭無色気体)は水に極めてよく溶けアルカリ性を示すので、廃棄方法は、水に溶かしてから酸で中和後、多量の水で希釈処理する中和法。c の硅弗化ナトリウムは劇物。無色の結晶。廃棄法は水に溶かし、消石灰等の水溶液を加えて処理した後、希硫酸を加えて中和し、沈殿濾過して埋立処分する分解沈殿法。

関西〔取扱・実地解答・解説〕・令和四年

【問 40】　1
〔解説〕
　　解答のとおり。
【問 41】　2
〔解説〕
　　この設問の用途については、a、c が正しい。なお、b の重クロム酸ナトリウム
は、やや潮解性の赤橙色結晶、酸化剤。水に易溶。有機溶媒には不溶。用途は<u>試</u>
<u>薬、酸化剤。</u>
【問 42】　4
〔解説〕
　　解答のとおり。
【問 43】　5
〔解説〕
　　この設問では毒性について誤っているものは、5 の過酸化水素水が該当する。
次のとおり。無色無臭で粘性の少し高い液体。徐々に水と酸素に分解(光、金属に
より加速)する。安定剤として酸を加える。35 %以上の溶液が皮膚に付くと水疱
を生じる。目に対しては腐食作用、蒸気は低濃度でも刺激盛大。
【問 44】　3
〔解説〕
　　a のクロロホルムのみが正しい。なお、b の硅弗化ナトリウムは劇物。無色の結
晶。水に溶けにくい。アルコールに溶けない。吸入すると、鼻、のど、気管支、
肺等の粘膜を刺激し、炎症を起こすことがある。c の四塩化炭素は劇物。蒸気の
吸入により、はじめ頭痛、悪心などをきたし、また黄疸のように角膜が黄色とな
り、しだいに尿毒症様をきたす。
【問 45】　4
〔解説〕
　　解答のとおり。
【問 46】　2
〔解説〕
　　a、d が正しい。なお、b の重クロム酸ナトリウム $Na_2Cr_2O_7$ は、やや潮解性の赤
橙色結晶、酸化剤。水に易溶。有機溶媒には不溶。潮解性があるので、密封して
乾燥した場所に貯蔵する。また、可燃物と混合しないように注意する。c の塩化
水素(HCl)は劇物。常温、常圧においては無色の刺激臭を持つ気体で、湿った空
気中で激しく発煙する。冷却すると無色の液体および固体となる。
【問 47】　1
〔解説〕
　　a、b が正しい。なお、c の過酸化水素 H_2O_2 は、無色透明の濃厚な液体で、弱い
特有のにおいがある。強く冷却すると稜柱状の結晶となる。不安定な化合物であ
り、常温でも徐々に<u>水と酸素に分解する。酸化力、還元力を併有している。又、</u>
強い殺菌力を有している。d のクロロホルム $CHCl_3$ は、無色揮発性の液体で、特
有の臭気と、かすかな甘みを有する。水にはわずかに溶ける。<u>アルコール、エー</u>
<u>テルと良く混和する。</u>
【問 48】　4
〔解説〕
　　c、d が正しい。なお、a の酢酸エチル $CH_3COOC_2H_5$ は、劇物。強い果実様の香
気ある可燃性無色の液体。揮発性がある。蒸気は空気より重い。引火しやすい。
水にやや溶けやすい。b の酸化第二水銀は毒物。赤色又は黄色の粉末。製法によ
って色が異なる。小さな試験管に入れ熱すると、黒色にかわり、その後分解し水
銀を残す。更に熱すると揮散する。
【問 49】　2
〔解説〕
　　a、d が正しい。なお、b の一酸化鉛 PbO は、強熱すると煙霧を発生する。<u>煙霧</u>
<u>は有害なので注意する。</u>c のクロム酸ナトリウムは十水和物が一般に流通。十水
和物は黄色結晶で潮解性がある。<u>水に溶けやすい。</u>その液は、アルカリ性を示す。
また、酸化性があるので工業用の酸化剤などに用いられる。
【問 50】　5
〔解説〕

〔実地編〕
〔取扱・実地〕

奈良県
【令和2年度実施】
(注) 特定品目はありません

(一般)

問41　2

〔解説〕

　a と c が正しい。次のとおり。塩素酸ナトリウム $NaClO_3$ は、白色の正方単斜状の結晶で、水に溶けやすく、空気中の水分を吸ってべとべとに潮解するもので、ふつうは溶液として使われる。製剤は除草剤として使用される。

問42　3

〔解説〕

　b と d が正しい。パラチオン(ジエチルパラニトロフエニルチオホスフエイト)は、特定毒物。純品は無色〜淡黄色の液体。水に溶けにくく。有機溶媒に可溶。農業用は褐色の液で、特有の臭気をむ有する。アルカリで分解する。用途は遅効性殺虫剤。コリンエステラーゼ阻害作用がある。頭痛、めまい、嘔気、発熱、麻痺、痙攣等の症状を起こす。有機燐化合物。なお、このパラチオンは除外がされる濃度規定はない。

問43〜47　問43　4　　問44　2　　問45　3　　問46　1　　問47　1

〔解説〕

　問43　黄リン P_4 は、毒物。無色又は白色の蝋様の固体。毒物。別名を白リン。暗所で空気に触れるとリン光を放つ。水、有機溶媒に溶けないが、二硫化炭素には易溶。湿った空気中で発火する。

　問44　クレゾール $C_6H_4(CH_3)OH$(別名メチルフェノール、オキシトルエン)は劇物：オルト、メタ、パラの3つの異性体の混合物。無色〜ピンクの液体、フェノール臭、光により暗色になる。

　問45　ジメチル硫酸 $(CH_3)_2SO_4$ は、劇物。常温・常圧では、無色油状の液体である。水に不溶であるが、水と接触すれば徐々に加水分解する。用途は多くの有機合成のメチル化剤として用いられる。

　問46　セレント Se は、毒物。灰色の金属光沢を有するペレット又は黒色の粉末。融点 217 ℃。水に不溶。硫酸、二硫化炭素に可溶。

問47〜50　問47　1　　問48　3　　問49　4　　問50　2

〔解説〕

　問47　EPN は、有機リン製剤、毒物(1.5 %以下は除外で劇物)、芳香臭のある淡黄色油状または融点 36 ℃の結晶。水に不溶、有機溶媒に可溶。遅効性殺虫剤(アカダニ、アブラムシ、ニカメイチュウ等)　有機リン製剤の中毒：コリンエステラーゼを阻害し、頭痛、めまい、嘔吐、言語障害、意識混濁、縮瞳、痙攣など。治療薬は硫酸アトロピンと PAM。

　問48　キシレン $C_6H_4(CH_3)_2$：引火性無色液体。吸入すると、目、鼻、のどを刺激する。高濃度では興奮、麻酔作用がある。皮膚に触れた場合、皮膚を刺激し、皮膚から吸収される。

　問49　トルイレンジアミンは、劇物。無色の結晶(パラ体)、水に可溶。著明な肝臓毒で、脂肪肝を起こす。又、皮膚に触れると皮膚炎(かぶれ)を起こす。用途は、染料の合成原料。

　問50　リン化亜鉛 Zn_3P_2 は、灰褐色の結晶又は粉末。かすかにリンの臭気がある。ベンゼン、二硫化炭素に溶ける。酸と反応して有毒なホスフィン PH_3 を発生。嚥下吸入したときに、胃及び肺で胃酸や水と反応してホイフィンを生成することにより中毒症状を発現する。

問51～55　問51　1　問52　6　問53　4　問54　2　問55　5
〔解説〕
　　問51　アクリルアミドは無色の結晶。廃棄方法は、アフターバーナーを具備した焼却炉で焼却する。水溶液の場合は、木粉(おが屑)等に吸収させて同様に処理する焼却法。
　　問52　クロルピクリン CCl_3NO_2 は、無色～淡黄色液体、催涙性、粘膜刺激臭。水に不溶。少量の界面活性剤を加えた亜硫酸ナトリウムと炭酸ナトリウムの混合溶液中で、攪拌し分解させたあと、多量の水で希釈して処理する分解法。
　　問53　シアン化水素 HCN は、毒物。無色の気体または液体。特異臭(アーモンド様の臭気)、弱酸、水、アルコールに溶ける。廃棄法は多量のナトリウム水溶液(20w/v%以上)に吹き込んだのち、多量の水で希釈して活性汚泥槽で処理する活性汚泥法。
　　問54　酒石酸アンチモニルカリウムは、劇物(アンチモン化合物)。無色の結晶又は白色の結晶性粉末。水にやや溶けやすい。エタノール、ジエチルエーテルにはほとんど溶けない。主な用途は、殺虫剤、防虫剤、触媒、顔料、塗料等。廃棄法は、水に溶かし、希硫酸を加えて酸性にし、硫化ナトリウム水溶液を加えて沈殿させた後、ろ過して埋立処分する。
　　問55　ヒ素は金属光沢のある灰色の単体である。セメントを用いて固化し、溶出試験を行い溶出量が判定基準以下であることを確認して埋立処分する固化隔離法。
問57～60　問56　2　問57　1　問58　5　問59　4　問60　6
〔解説〕
　　解答のとおり。

(農業用品目)

問41　4
〔解説〕
　　農業用品目販売業者の登録が受けた者が販売できる品目については、法第四条の三第一項→施行規則第四条の二→施行規則別表第一に掲げられている品目である。このことからcのニコチンとdの硫酸タリウムが該当する。
問42～44　問42　3　問43　5　問44　1
〔解説〕
　　問42　イソフェンホスは5％を超えて含有する製剤は毒物。ただし、5％以下は毒物から除外。イソフェンホスは5％以下は劇物。
　　問43　ジチアノン50％以下は毒物から除外。
　　問44　2－ジフエニルアセチル－1・3－インダンジオン0.005％以下は毒物から除外。
問45～47　問45　2　問46　3　問47　1
〔解説〕
　　問45　塩化亜鉛 $ZnCl_2$ は、白色の結晶で、空気に触れると水分を吸収して潮解する。水およびアルコールによく溶ける。水に溶かし、硝酸銀を加えると、白色の沈殿が生じる。
　　問46　クロルピクリン CCl_3NO_2 の確認：1)CCl_3NO_2＋金属 Ca＋ベタナフチルアミン＋硫酸→赤色沈殿。2)CCl_3NO_2 アルコール溶液＋ジメチルアニリン＋ブルシン＋BrCN→緑ないし赤紫色。
　　問47　AlPの確認方法：湿気により発生するホスフィンPH3により硝酸銀中の銀イオンが還元され銀になる($Ag^+ → Ag$)ため黒変する。

問 48 ～ 51　　問 48　3　　問 49　1　　問 50　2　　問 51　4
〔解説〕
　　問 48　　ナラシンは毒物（1 ％以上～ 10％以下を含有する製剤は劇物。）アセトン－水から結晶化させたものは白色～淡黄色。特有な臭いがある。用途は飼料添加物。
　　問 49　　ヨウ化メチル CH_3I は、無色または淡黄色透明液体。エタノール、エーテルに任意の割合に混合する。水に不溶。用途は I i y e ガス殺菌剤としてたばこの根瘤線虫、立枯病に使用する。
　　問 50　　エチル＝(Z)-3-〔N-ベンジル-N －〔〔メチル(1-メチルチオエチリデンアミノオキシカルボニル)アミノ〕チオ〕アミノ〕プロピオナートは、劇物。白色結晶。水には極めて溶けにくい。用途は、たばこのタバコアオムシ、ヨトウムシ等の害虫を防除する農薬。
　　問 51　2-メチリデンンブタン二酸(別名　メチレンコハク酸)は、劇物。白色結晶性粉末。用途は、農薬(摘花・摘果剤)、合成原料、塗料。
問 52 ～ 54　　問 52　4　　問 53　3　　問 54　1
〔解説〕
　　解答のとおり。
問 55 ～ 57　　問 55　2　　問 56　1　　問 57　4
〔解説〕
　　問 55　　塩素酸カリウム $KClO_3$ は、無色の結晶。水に可溶、アルコールに溶けにくい。漏えいの際の措置は、飛散したもの還元剤(例えばチオ硫酸ナトリウム等)の水溶液に希硫酸を加えて酸性にし、この中に少量ずつ投入する。反応終了後、反応液を中和し多量の水で希釈して処理する還元法。
　　問 56　　ジメチル－４－メチルメルカプト－３－メチルフェニルチオホスフェイト(別名フェンチオン)は、劇物。褐色の液体。弱いニンニク臭を有する。各種有機溶媒に溶ける。水には溶けない。廃棄法：木粉(おが屑)等に吸収させてアフターバーナー及びスクラバーを具備した焼却炉で焼却する焼却法。(スクラバーの洗浄液には水酸化ナトリウム水溶液を用いる。)
　　問 57　　硫酸銅 $CuSO_4$ は、水に溶解後、消石灰などのアルカリで水に難溶な水酸化銅 $Cu(OH)_2$ とし、沈殿ろ過して埋立処分する沈殿法。または、還元焙焼法で金属銅 Cu として回収する還元焙焼法。
問 58 ～ 60　　問 58　4　　問 59　3　　問 60　2
〔解説〕
　　問 58　　エチレンクロルヒドリンの毒性は、吸入した場合は吐気、嘔吐、頭痛及び胸痛等の症状を起こすことがある。皮膚にふれた場合は、皮膚を刺激し、皮膚からも吸収され吸入した場合と同様の中毒症状を起こすことがある。
　　問 59　　アンモニアガスを吸入した場合、激しく鼻やのどを刺激し、長時間吸入すると肺や気管支に炎症を起こす。高濃度のガスを吸うと喉頭けいれんを起こすので極めて危険である。
　　問 60　　ブラストサイジン S は、劇物。白色針状結晶、融点 250 ℃以上で徐々に分解。水に可溶、有機溶媒に難溶。中毒症状は振戦、呼吸困難である。本毒は、肝臓に核の膨大及び変性、腎臓には糸球体、細尿管のうっ血、脾臓には脾炎が認められる。また、散布に際して、眼刺激性が特に強いので注意を要する。

奈良県

【令和３年度実施】

(注) 特定品目はありません

（一般）

問41　3

〔解説〕
　　この設問ではｂとｄが正しい。次のとおり。ホスゲンは独特の青草臭のある無色の圧縮液化ガス。蒸気は空気より重い。トルエン、エーテルに極めて溶けやすい。酢酸に対してはやや溶けにくい。水により加水分解し、二酸化炭素と塩化水素を生成する。不燃性。用途は樹脂、染料等の原料。

問42　2

〔解説〕
　　この設問ではａとｃが正しい。次のとおり。一水素二弗化アンモニウム NH_4HF_2 は、無色結晶、潮解性。水に溶けやすい。わずかに酸の臭いがする。エタノールに溶けやすい。この液はガラス、金属、コンクリートを侵す。用途はガラス加工(電球の艶消し)。

問43～47　問43　1　　　問44　3　　　問45　2　　　問46　4

〔解説〕
　　問43　アクリルニトリル $CH_2=CHCN$ は、無臭透明の蒸発しやすい液体で、無臭又は微刺激臭がある。極めて引火しやすく、火災、爆発の危険性が強い。
　　問44　ジメチルジチオホスホリルフェニル酢酸エチル(フェントエート、PAP)は、赤褐色、油状の液体で、芳香性刺激臭を有し、水、プロピレングリコールに溶けない。リグロインにやや溶け、アルコール、エーテル、ベンゼンに溶ける。アルカリには不安定。
　　問45　臭素 Br_2 は、劇物。赤褐色・特異臭のある重い液体。比重3.12(20℃)、沸点58.8℃。強い腐食作用があり、揮発性が強い。引火性、燃焼性はない。水、アルコール、エーテルに溶ける。
　　問46　トルエン $C_6H_5CH_3$ (別名トルオール、メチルベンゼン)は劇物。無色透明な液体で、ベンゼン臭がある。蒸気は空気より重く、可燃性である。沸点は水より低い。水には不溶、エタノール、ベンゼン、エーテルに可溶である。

問47～50　問47　2　　問48　4　　　問49　1　　　問50　3

〔解説〕
　　問47　アニリン $C_6H_5NH_2$ は、劇物。沸点184～186℃の油状物。アニリンは血液毒である。かつ神経毒であるので血液に作用してメトヘモグロビンを作り、チアノーゼを起こさせる。急性中毒では、顔面、口唇、指先等にはチアノーゼが現れる。さらに脈拍、血圧は最初亢進し、後に下降して、嘔吐、下痢、腎臓炎を起こし、痙攣、意識喪失で、ついに死に至ることがある。
　　問48　クロロホルム $CHCl_3$ は、無色、揮発性の液体で特有の香気とわずかな甘みをもち、麻酔性がある。蒸気は空気より重い。毒性は原形質毒、脳の節細胞を麻酔、赤血球を溶解する。吸収するとはじめ嘔吐、瞳孔縮小、運動性不安、次に脳、神経細胞の麻酔が起きる。中毒死は呼吸麻痺、心臓停止による。
　　問49　スルホナールは劇物。無色、稜柱状の結晶性粉末。水、アルコール、エーテルに溶けにくい。臭気もない。味もほとんどない。約300℃に熱すると、ほとんど分解しないで沸騰し、これを点火すれば亜硫酸ガスを発生して燃焼する。嘔吐、めまい、胃腸障害、腹痛、下痢又は便秘などを起こし、運動失調、麻痺、腎臓炎、尿量減退、ポルフィリン尿(尿が赤色を呈する。)として現れる。
　　問50　弗化水素酸(HF・aq)は毒物。弗化水素の水溶液で無色またはわずかに着色した透明の液体。特有の刺激臭がある。不燃性。濃厚なものは空気中で白煙を生ずる。皮膚に触れた場合、激しい痛みを感じ、皮膚の内部にまで浸透腐食する。薄い溶液でも指先に触れると爪の間に浸透し、激痛を感じる、数日後に爪がはく離することもある。

問 51 〜 55　問 51　2　　問 52　1　　問 53　4　　問 54　3　　問 55　2
〔解説〕
　　問 51　亜硝酸ナトリウム $NaNO_2$ は、劇物。白色または微黄色の結晶性粉末。用途はジアゾ化合物の製造、染色、写真、試薬等に用いられる。
　　問 52　エジフェンホス(EDDP)は劇物。黄色〜淡褐色透明な液体、特異臭、水に不溶、有機溶媒に可溶。有機リン製剤、劇物(2％以下は除外)、殺菌剤。
　　問 53　四塩化炭素(テトラクロロメタン)CCl_4 は、特有な臭気をもつ不燃性、揮発性無色液体、水に溶けにくく有機溶媒には溶けやすい。用途は洗濯剤、清浄剤の製造などに用いられる。　　　問 54　エンドタールは、劇物。白色結晶。用途は除草剤。
問 55 〜 57　問 55　2　　問 56　4　　問 57　3
〔解説〕
　　問 55　シアン化水素 HCN は、無色の気体または液体(b. p. 25. 6 ℃)、特異臭(アーモンド様の臭気)、弱酸、水、アルコールに溶ける。毒物。貯法は少量なら褐色ガラス瓶、多量なら銅製シリンダーを用い日光、加熱を避け、通風の良い冷所に保存。
　　問 56　沃素 I_2 は、黒褐色金属光沢ある稜板状結晶、昇華性。水に溶けにくい(しかし、KI 水溶液には良く溶ける $KI + I_2 → KI_3$)。有機溶媒に可溶(エタノールやベンゼンでは褐色、クロロホルムでは紫色)。気密容器を用い、風通しのよい冷所に貯蔵する。腐食されやすい金属なので、濃塩酸、アンモニア水、アンモニアガス、テレビン油等から引き離しておく。
　　問 57　黄リン P_4 は、無色又は白色の蝋様の固体。毒物。別名を白リン。暗所で空気に触れるとリン光を放つ。水、有機溶媒に溶けないが、二硫化炭素には易溶。湿った空気中で発火する。空気に触れると発火しやすいので、水中に沈めてビンに入れ、さらに砂を入れた缶の中に固定し冷暗所で貯蔵する。
問 57 〜 60　問 57　3　　問 58　3　　　問 59　4　　　問 60　1
〔解説〕
　　解答のとおり。

(農業用品目)

問 41　2
〔解説〕
　　農業用品目販売業者の登録が受けた者が販売できる品目については、法第四条の三第一項→施行規則第四条の二→施行規則別表第一に掲げられている品目である。解答のとおり。
問 42 〜 44　問 42　2　　問 43　4　　問 44　4
〔解説〕
　　問 42　ホスチアゼートは 1. 5 ％以下で劇物から除外。
　　問 43　硫酸は 10%以下で劇物から除外。
　　問 44　エマメクチンは 2 ％以下は劇物から除外。　3
問 45 〜 47　問 45　1　　問 46　4　　問 47　2
〔解説〕
　　問 45　ニコチンは、毒物、無色無臭の油状液体だが空気中で褐色になる。硫酸酸性水溶液に、ピクリン酸溶液を加えると黄色結晶を沈殿する。
　　問 46　硫酸第二銅、五水和物白色濃い藍色の結晶で、水に溶けやすく、水溶液は青色リトマス紙を赤変させる。水に溶かし硝酸バリウムを加えると、白色の沈殿を生じる。
　　問 47　塩素酸カリウム(KCl)は、無色の結晶。水に可溶。アルコールに溶けにくい。水溶液に酒石酸を多量に加えると、白色の結晶性の物質を生ずる。
問 48 〜 50　問 48　3　　問 49　2　　問 50　1
〔解説〕
　　問 48　ブロムメチル CH_3Br(臭化メチル)は、常温で気体なので、圧縮冷却して液化し、圧縮容器に入れ、直射日光、その他温度上昇の原因を避けて、冷暗所に貯蔵する。
　　問 49　ロテノンはデリスの根に含まれる。殺虫剤。酸素、光で分解するので遮光保存。2 ％以下は劇物から除外。
　　問 50　シアン化カリウム KCN は、白色、潮解性の粉末または粒状物、空気中では炭酸ガスと湿気を吸って分解する(HCN を発生)。また、酸と反応して猛毒の HCN(アーモンド様の臭い)を発生する。貯蔵法は、少量ならばガラス瓶、多量ならばブリキ缶又は鉄ドラム缶を用い、酸類とは離して風通しの良い乾燥した冷所に密栓して貯蔵する。

問 51 〜 52　　問 51　3　　　問 52　1
〔解説〕
　　問 51　2-クロル-1−(2・4−ジクロルフェニル)ビニルジメチルホスイフェイト(別名ジメチルビンホス)は、劇物。微粉末結晶。キシレン、アセトンなどの有機物に溶ける。有機リン化合物。用途は、殺虫剤。
　　問 52　エンドタールは、劇物。白色結晶。用途は除草剤。

問 53 〜 55　問 53　2　　問 54　4　　問 55　1
〔解説〕
　　問 53　燐化亜鉛 Zn_3P_2 は、灰褐色の結晶又は粉末。かすかにリンの臭気がある。酸と反応して有毒なホスフィン PH_3 を発生。漏えいした場合は、飛散したものは、速やかに土砂で覆い、密閉可能な空容器にできるだけ回収して密閉する。、汚染された土砂等も同様な措置をし、その後多量の水を用いて洗い流す。
　　問 54　クロルピクリン CCl_3NO_2 は、無色〜淡黄色液体、催涙性、粘膜刺激臭。水に不溶。漏えいした液が少量の場合は、速やかに蒸発するので周辺に近付かないようにする。多量の場合は、多量の活性炭又は消石灰を散布して覆い処理する。
　　問 55　ダイアジノンは、有機リン製剤。接触性殺虫剤、かすかにエステル臭をもつ無色の液体、水に難溶、有機溶媒に可溶。付近の着火源となるものを速やかに取り除く。空容器にできるだけ回収し、その後消石灰等の水溶液を多量の水を用いて洗い流す。

問 56 〜 57　　問 56　3　　　問 57　1
〔解説〕
　　問 56　DDVP は劇物。刺激性があり、比較的揮発性の無色の油状の液体。水に溶けにくい。廃棄方法は木粉(おが屑)等に吸収させてアフターバーナー及びスクラバーを具備した焼却炉で焼却する燃焼法と 10 倍量以上の水と撹拌しながら加熱乾留して加水分解し、冷却後、水酸化ナトリウム等の水溶液で中和するアルカリ法。
　　問 57　燐化アルミニウムとその分解促進剤とを含有する製剤(ホストキシン)は、特定毒物。①燃焼法では、廃棄方法はおが屑等の可燃物に混ぜて、スクラバーを具備した焼却炉で焼却する。②酸化法　多量の次亜鉛酸ナトリウムと水酸化ナトリウムの混合水溶液を撹拌しながら少量ずつ加えて酸化分解する。過剰の次亜塩素酸ナトリウムをチオ硫酸ナトリウム水溶液等で分解した後、希硫酸を加えて中和し、沈殿ろ過する。

問 58 〜 60　　問 58　3　　　問 59　1　問 60　2
〔解説〕
　　問 58　モノフルオール酢酸ナトリウム FCH_2COONa は重い白色粉末、吸湿性、冷水に易溶、メタノールやエタノールに可溶。野ネズミの駆除に使用。特毒。摂取により毒性発現。皮膚刺激なし、皮膚吸収なし。　モノフルオール酢酸ナトリウムの中毒症状：生体細胞内の TCA サイクル阻害(アコニターゼ阻害)。激しい嘔吐の繰り返し、胃疼痛、意識混濁、てんかん性痙攣、チアノーゼ、血圧下降。
　　問 59　硫酸タリウム Tl_2SO_4 は、白色結晶で、水にやや溶け、熱水に易溶、劇物、殺鼠剤。中毒症状は、疝痛、嘔吐、震せん、けいれん麻痺等の症状に伴い、しだいに呼吸困難、虚脱症状を呈する。治療法は、カルシウム塩、システインの投与。抗けいれん剤(ジアゼパム等)の投与。
　　問 60　沃化メチル CH_3I は、無色又は淡黄色透明の液体。劇物。中枢神経系の抑制作用および肺の刺激症状が現れる。皮膚に付着して蒸発が阻害された場合には発赤、水疱形成をみる。2

奈良県

※特定品目はありません。

（一般）

問41 2
〔解説〕
　　この設問のフェノールについては、a、c が正しい。フェノール C_6H_5OH（別名石炭酸、カルボール）は、劇物。無色の針状晶あるいは結晶性の塊りで特異な臭気があり、空気中で酸化され赤色になる。水に少し溶け、アルコール、エーテル、クロロホルム、二硫化炭素、グリセリンには容易に溶ける。石油ベンゼン、ワセリンには溶けにくい。用途は防腐剤、医薬品及び染料の製造原料。

問42 3
〔解説〕
　　この設問のアニリンについては、b、d が正しい。アニリン $C_6H_5NH_2$ は、劇物。純品は、無色透明な油状の液体で、特有の臭気があり空気に触れて赤褐色になる。水に溶けにくく、アルコール、エーテル、ベンゼンに可溶。光、空気に触れて赤褐色を呈する。蒸気は空気より重い。水溶液にさらし粉を加えると紫色を呈する。用途はタール中間物の製造原料、医薬品、染料、樹脂、香料等の原料。アニリンは血液毒である。かつ神経毒であるので血液に作用してメトヘモグロビンを作り、チアノーゼを起こさせる。急性中毒では、顔面、口唇、指先等にはチアノーゼが現れる。さらに脈拍、血圧は最初亢進し、後に下降して、嘔吐、下痢、腎臓炎を起こし、痙攣、意識喪失で、ついに死に至ることがある。

問43～47 問43 3　　問44 1　　問45 4　　問46 2
〔解説〕
　　問43　塩素 Cl_2 は劇物。黄緑色の気体で激しい刺激臭がある。冷却すると、黄色溶液を経て黄白色固体。水にわずかに溶ける。沸点-34．05℃。強い酸化力を有する。極めて反応性が強く、水素又はアセチレンと爆発的に反応する。不燃性を有し、鉄、アルミニウムなどの燃焼を助ける。水分の存在下では、各種金属を腐食する。　問44　シアン化ナトリウム NaCN は毒物。白色粉末、粒状またはタブレット状。融点は 564 ℃で水に易溶。アルコール、アンモニア水に可溶。空気中で湿気を吸収し、二酸化炭素と反応して有毒な HCN ガスを発生する。水溶液は強アルカリ性である。
　　問45　硫酸 H_2SO_4 は、劇物。無色透明、油様の液体であるが、粗製のものは、しばしば有機質が混じて、かすかに褐色を帯びていることがある。濃いものは猛烈に水を吸収する。　問46　ロテノン $C_{23}H_{22}O_6$（植物デリスの根に含まれる。）：斜方六面体結晶で、水にはほとんど溶けない。ベンゼン、アセトンには溶け、クロロホルムに易溶。

問47～50 問47 1　　問48 2　　問49 3　　問50 5
〔解説〕
　　問47　四塩化炭素 CCl_4 は特有の臭気をもつ揮発性無色の液体、水に不溶、有機溶媒に易溶。吸引した場合、めまい、頭痛、吐き気をおぼえ、はなはだしい場合は、嘔吐、意識不明などを起こす。肝臓に影響を与え黄疸が出る時もある。
　　問48　メタノール CH_3OH は特有な臭いの無色液体。水に可溶。可燃性。吸入した場合、めまい、頭痛、吐気など、はなはだしい時は嘔吐、意識不明。中枢神経抑制作用。飲用により視神経障害、失明。　問49　シアン化水素ガスを吸引したときの中毒は、頭痛、めまい、悪心、意識不明、呼吸麻痺を起こす。治療薬は亜硝酸ナトリウムとチオ硫酸ナトリウムの投与。　問50　ニコチンは猛烈な神経毒を持ち、急性中毒では、よだれ、吐気、悪心、嘔吐、ついで脈拍緩徐不整、発汗、瞳孔縮小、呼吸困難、痙攣が起きる。

問 51 ～ 54　問 51　2　　問 52　1　　問 53　3　　問 54　5
〔解説〕
　　　問 51　酢酸エチル $CH_3COOC_2H_5$ は無色で果実臭のある可燃性の液体。その用途は主に溶剤や合成原料、香料に用いられる。　　　**問 52**　塩化亜鉛（別名　クロル亜鉛）$ZnCl_2$ は劇物。白色の結晶。空気にふれると水分を吸収して潮解する。用途は脱水剤、木材防臭剤、脱臭剤、試薬。　　　**問 53**　$1 \cdot 1'$ －ジメチル－ $4.4'$ －ジピリジニウムジクロリド（別名パラコート）は白色結晶で、水、メタノール、アセトンに溶ける。水に非常に溶けやすい。強アルカリ性で分解する。不揮発性。用途は除草剤。　　　**問 54**　イミノクタジンは、劇物。白色の粉末（三酢酸塩の場合）。果樹の腐らん病、晩腐病等、麦の斑葉病、芝の葉枯病殺菌する殺菌剤。
問 55 ～ 57　問 55　4　　問 56　1　　問 57　3
〔解説〕
　　　問 55　ピクリン酸 $(C_6H_2(NO_2)_3OH)$ は爆発性なので、火気に対して安全で隔離された場所に、イオウ、ヨード、ガソリン、アルコール等と離して保管する。鉄、銅、鉛等の金属容器を使用しない。　　　**問 56**　過酸化水素水 H_2O_2 は、少量なら褐色ガラス瓶（光を遮るため）、多量ならば現在はポリエチレン瓶を使用し、3 分の 1 の空間を保ち、日光を避けて冷暗所保存。　　　**問 57**　クロロホルム $CHCl_3$ は、無色、揮発性の液体で特有の香気とわずかな甘みをもち、麻酔性がある。空気中で日光により分解し、塩素、塩化水素、ホスゲンを生じるので、少量のアルコールを安定剤として入れて冷暗所に保存。
問 58 ～ 60　問 58　1　　問 59　3　　問 60　2
〔解説〕
　　　解答のとおり。

（農業用品目）

問 41　3
〔解説〕
　　　農業用品目販売業者の登録が受けた者が販売できる品目については、法第四条の三第一項→施行規則第四条の二→施行規則別表第一に掲げられている品目である。解答のとおり。
問 42 ～ 44　問 42　1　　問 43　3　　問 44　4
〔解説〕
　　　除外濃度については指定令第 2 条に示されている。解答のとおり。
問 45 ～ 47　問 45　1　　問 46　3　　問 47　4
〔解説〕
　　　問 45　クロルピクリン CCl_3NO_2 の確認方法：CCl_3NO_2 ＋金属 Ca ＋ベタナフチルアミン＋硫酸→赤色　　　**問 46**　アンモニア水は無色透明、刺激臭がある液体。アルカリ性を呈する。アンモニア NH_3 は空気より軽い気体。濃塩酸を近づけると塩化アンモニウムの白い煙を生じる。　　　**問 47**　無機銅塩類水溶液に水酸化ナトリウム溶液で冷時青色の水酸化第二銅を沈殿する。
問 48 ～ 49　問 48　2　　問 49　1
〔解説〕
　　　問 48　ホストキシン（リン化アルミニウム AlP とカルバミン酸アンモニウム $H_2NCOONH_4$ を主成分とする。）は、ネズミ、昆虫駆除に用いられる。リン化アルミニウムは空気中の湿気で分解し、猛毒のリン化水素 PH3（ホスフィン）を発生する。空気中の湿気に触れると徐々に分解して有毒なガスを発生するので密閉容器に貯蔵する。使用方法については施行令第 30 条で規定され、使用者についても施行令第 18 条で制限されている。　　　**問 49**　シアン化水素 HCN は、無色の気体または液体（b. p. 25.6 ℃）、特異臭（アーモンド様の臭気）、弱酸、水、アルコールに溶ける。毒物。貯法は少量なら褐色ガラス瓶、多量なら銅製シリンダーを用い日光、加熱を避け、通風の良い冷所に保存。

奈良〔基礎化学解答・解説〕・令和四年

問50〜52　問50　4　　問51　1　　問52　3
〔解説〕
　　問50　塩化亜鉛（別名　クロル亜鉛）ZnCl₂ は劇物。白色の結晶。空気にふれると水分を吸収して潮解する。用途は脱水剤、木材防臭剤、脱臭剤、試薬。
　　問51　エチルジフェニルジチオホスフェイト（別名　エジフェンホス、EDDP）は劇物。黄色〜淡褐色透明な液体、特異臭、水に不溶、有機溶媒に可溶。有機リン製剤、劇物（2％以下は除外）、殺菌剤。　　問52　2-クロルエチルトリメチルアンモニウムクロリド（クロルメコート）は、劇物。白色結晶。魚臭い。エーテルには溶けない。水、低級アルコールには溶ける。用途は農薬の植物成長調整剤。
問53〜55　問53　3　　問54　1　　問55　2
〔解説〕
　　問53　硫酸が漏えいした液は土砂等でその流れを止め、これに吸着させるか、又は安全な場所に導いて、遠くから徐々に注水してある程度希釈した後、消石灰、ソーダ灰等で中和し、多量の水を用いて洗い流す。　　問54　ブロムメチル（臭化メチル）CH₃Br は、常温では気体（有毒な気体）。冷却圧縮すると液化しやすい。クロロホルムに類する臭気がある。液化したものは無色透明で、揮発性がある。漏えいしたときは、土砂等でその流れを止め、液が拡がらないようにして蒸発させる。
　　問55　DDVP（別名ジクロルボス）は有機リン製剤。刺激性で微臭のある比較的揮発性の無色油状、水に溶けにくく、有機溶媒に易溶。水中では徐々に分解。漏えいした液は土砂等でその流れを止め、安全な場所に導き、空容器にできるだけ回収し、その後を消石灰等の水溶液を用いて処理した後、多量の水を用いて洗い流す。洗い流す場合には中性洗剤等の分散剤を使用して洗い流す。
問56〜57　問56　3　　問57　2
〔解説〕
　　問56　ジメチル－4－メチルメルカプト－3－メチルフェニルチオホスフェイト（別名フェンチオン）は、劇物。褐色の液体。弱いニンニク臭を有する。各種有機溶媒に溶ける。水には溶けない。廃棄法：木粉（おが屑）等に吸収させてアフターバーナー及びスクラバーを具備した焼却炉で焼却する焼却法。（スクラバーの洗浄液には水酸化ナトリウム水溶液を用いる。）　　問57　シアン化ナトリウム NaCN は、酸性だと猛毒のシアン化水素 HCN が発生するのでアルカリ性にしてから酸化剤でシアン酸ナトリウム NaOCN にし、余分なアルカリを酸で中和し多量の水で希釈処理する酸化法。水酸化ナトリウム水溶液等でアルカリ性とし、高温加圧下で加水分解するアルカリ法。
問58〜60　問58　3　　問59　4　　問60　1
〔解説〕
　　解答のとおり。

毒物劇物取扱者試験問題集〔関西広域連合・奈良県版〕
過去問
令和5 (2023)年度版
ISBN978-4-89647-301-8　C3043　￥1200E

令和5年(2023年) 7月6日発行　　　　　　　　　定価1,320円 (税込)

編　集　　毒物劇物安全性研究会

発　行　　薬務公報社

〒166-0003　東京都杉並区高円寺南2-7-1　拓都ビル
電話　03(3315)3821　　　　　FAX　03(5377)7275

薬務公報社の毒劇物図書

毒物及び劇物取締法令集　令和5（2023）年版

法律、政令、省令、告示、通知を収録。毎年度に年度版として刊行

監修　毒物劇物安全対策研究会　定価二、九七〇円（税込）

毒物及び劇物取締法解説　第四十六版

本書は、昭和五十三年に発行して令和二年で四十三年。実務書、参考書として親しまれています。
収録の内容は、1．毒物及び劇物取締法の法律解説をベースに、2．特定毒物・毒物・劇物品目解説
（主な毒物として、59品目、劇物は156品目を一品目につき一ページを使用して見やすく収録）、
3．基礎化学概説、4．例題と解説（法律・基礎化学解説）をわかりやすく解説して収録。

編集　毒物劇物安全性研究会　定価四、一八〇円（税込）

毒物劇物取扱者試験問題集　全国版

本書は、昭和三十九年六月に発行して以来、毎年度版で全国で行われた道府県別に毒物劇物取扱者試験
問題、解答・解説を収録して発行。

編集　毒物劇物安全性研究会　定価三、三〇〇円（税込）

わかる毒物劇物取扱者試験問題集　第8版

本書は、例題と解説編（法規、基礎化学、性状及び取扱い）、問題編（法規、基礎化学、各論（性状及び取
扱（実地）、〇×まる覚え速攻問題編（法規、基礎化学）と三つに分けて収録。
より毒物劇物取扱者試験に向けた直前試験には必携の書。

編集　毒物劇物安全性研究会　定価二、四二〇円（税込）